鯨豚保育者的
海陸空體驗

洪家耀 著

豚出沒！
注意

商務印書館

豚出沒注意！鯨豚保育者的海陸空體驗

作　　者：洪家耀

責任編輯：張宇程

封面設計：張　毅

出　　版：商務印書館 (香港) 有限公司

　　　　　香港筲箕灣耀興道 3 號東滙廣場 8 樓

　　　　　http://www.commercialpress.com.hk

發　　行：香港聯合書刊物流有限公司

　　　　　香港新界大埔汀麗路 36 號中華商務印刷大廈 3 字樓

印　　刷：中華商務彩色印刷有限公司

　　　　　香港新界大埔汀麗路 36 號中華商務印刷大廈 3 字樓

版　　次：2013 年 7 月第 1 版第 1 次印刷

　　　　　© 2013 商務印書館 (香港) 有限公司

　　　　　ISBN 978 962 07 2757 3

　　　　　Printed in Hong Kong

作者簡介

洪家耀博士，香港鯨豚研究計劃總監。自 1998 年起，負責長期監察香港與珠三角地區的中華白海豚和江豚的研究項目，並執行本地海域多項海豚監察計劃與環境影響評估項目。

洪博士積極參與中國與台灣多項鯨豚研究項目，並合著多篇關於海洋哺乳類動物的科學文獻。他是香港海豚保育學會會長及香港自然探索學會總幹事，投入各種教育活動，編寫及出版多本書籍、雜誌及小冊子，藉以引起公眾關注保育鯨豚，鼓勵公眾參與海洋保育工作。

自　序

守護我的海洋朋友

　　差不多完成此著作時，忽然間腦海裏記起年輕時的一個片段。時光倒流至出國留學前與教會好友露營的一個晚上，初出茅廬的一班年輕人對着星空，互訴自己的理想。輪到我的時候，我不由自主地向其他人分享，他日我希望成為一個香港知名人士。跟着友人不斷嘲弄我一派胡言，我亦很快地忘記了自己的夢想。

　　現在回想起來，當年幼稚的雄心壯志，竟然不經不覺地實現了，但並不是因着自己擁有過人的能力及智慧，而是一直倚賴強烈的信念及上天的眷顧帶領，一步一步踏過崎嶇不平但卻精彩萬分的人生。

　　過去十多個年頭，我的生命因着海豚而豐盛。由一個傻兮兮的小子搖身一變為海豚專家，連我自己都覺得有點不可思議。每次有朋友及記者問我如何成為海豚專家，我亦藉機回想及重整一下過去的一些經歷，提醒自己是如何幸運及有福。試想想，有幾多人可以每天活在自己的夢想之中，每天做自己最喜愛的事情？

海豚給我所帶來的福氣實在多得不能承載，我實在不能自已地想盡方法、盡畢生的努力回饋這些海上的好友。就憑着這個信念，在過去兩個風雨飄搖的年頭間，艱難地完成此著作，為自己過去十多年的海豚保育工作劃上一個分號。在寫作過程中，香港的海豚保育爭議不斷，而作為海豚專家的我，亦不斷被拉進爭議漩渦的風眼裏，而經常陷入如在泥漿摔角中的狀態，久久不能抽身。當然還要間歇地抽時間處理人工馴養海豚的爭議，消耗着自我的精力及意志。

但正如在本書中所述，我甘願做海豚的僕人，因為很早已清楚知道自己作為地球管家的職責，及身處崗位的使命。雖然內心因着不斷的衝突而飽受煎熬，但當要面臨抉擇的時候，也會毫不猶豫站在海豚利益的一方，這亦令我每晚都能感恩地安睡，對得住我上面那位"老闆"，對得住我所愛的海豚朋友。

洋洋數萬文字承載着多年的保育工作體會及研究心得，更隱藏了很多人共同努力的成果，及家人友儕的支持鼓勵。雖然不能一一盡數，但要在此特別感謝內子與幼兒曦曦的愛與忍耐、我的研究團隊多年來默默與我並肩守護海中的朋友、與我共事的保育工作者及研究夥伴。此書的出現，是多得林超英先生的引薦，特此致謝。本人亦衷心感謝商務印書館林婉屏女士起初與我策劃本書的大綱，及責任編輯張宇程先生多方面的協助及支持。

最後，還要感謝創造天地萬物的主多年來不斷帶領及保守，讓我行過無數死蔭的幽谷仍不怕遭害。願一切榮耀都歸與祂！

洪家耀

目 CONTENTS 錄

第 二 章 • 水平線下的海豚世界

第 三 章 ● 緣繫深海

第四章 • 海豚的將來

第一章

鯨豚 奇妙故事

第一節

全方位鯨豚研究

海陸空大搜索

　　很多人都十分羨慕海豚研究員的工作，甚至以為研究員整天都與海豚親近玩耍，寓工作於娛樂。一些學生在實習前亦抱着此誤解，結果到真正參與研究工作時往往大失所望。

　　事實上，海豚研究工作比較刻板，不單要日曬雨淋，更要苦候海豚出現，少一點耐性也不行。譬如説，我們在野外的工作大部分於海上進行，估計每次出海約有九成以上時間是在尋找海豚，只有不到一成的時間花在觀察海豚和跟牠們拍照，所以每次與海豚的相遇都顯得格外珍貴。

海上觀察

　　無論上山下海，我們都需要時刻掌握變幻莫測的天氣。我們出海從事研究工作，要長期"望天打卦"，看天氣做人。出海的日子海面情況一定要良好，因為海浪太大會減低找到海豚的機會；能見度至少要有 2000 米；雨下得大一點便要停下工作，而且還要因應風向、水流擬定航行的區域及方向。這些都需要長年累月的經驗才能掌握得好，否則便會浪費每次出海的寶貴機會。

團隊合作更是鯨豚研究的首要條件。在船上進行鯨豚調查時，眾人各自分工，兩人為一組：一位作資料記錄員，要巨細無遺地記下在搜索路綫上的時間、位置、船速、海面情況等，並用肉眼搜尋在船首範圍出現的海豚；另一位則要集中精神，利用望遠鏡尋找遠方出現的海豚，而兩人必須保持溝通，互相報告海面狀況及海豚蹤影，並與下層的船長聯繫。每 30 分鐘，兩位研究員會與其他團隊隊員輪替，以確保研究員有足夠的休息。當發現海豚時，團隊隊員要分工合作，如：讀出海豚離研究船的角度與距離、記錄資料、拍照、引導船長駛向海豚方向，及在船的四方尋找海豚再次出現的地方。

船長夫婦 ── 吳生和吳太，是我們海上工作的靈魂人物。船長是船上最高領導人，並擁有權威的地位。不過，吳生為人十分和藹可親，經常跟我們有商有量。他的船是我第二個家，與吳生相處的時間比自己的家人還多。吳生是最優秀的船長，領悟能力十分高，當我們提出高難度的要求時，他也一一答應並把任務完成。他不單教曉我們海上的知識及漁民的生活習性，更時刻表露對海豚的欣喜之心。吳氏夫婦是我們海上研究工作成功的基石，我們的關係如家人般，令海上的時光更加愉快。

岸上觀察

除了海上觀察，也可在岸上離遠觀察海豚。因站在研究船上，離水平線較低而往往未能掌握海豚的行為模式，而且船的引擎聲會對海豚帶來滋擾（尤其是對於膽小如鼠的江豚來說），影響牠們的正常行為。所以研究員會花上很多時間，由一些陸上據點，以居高臨下的角度研究海豚行為、潛泳模式及移動路線，這樣便可清晰地觀察海豚的出沒情況，甚至牠們在水面下的活動亦可清楚了解，亦可在完全不會滋擾牠們的情況下，研究其行為習性。

但是，進行陸上觀察要付出一定的代價。我和研究隊伍翻山越嶺，曾到過香港不少山頭觀察中華白海豚和江豚的出沒情況，其中包括沙洲、龍鼓洲、大鴉洲、南丫島的下尾咀、大嶼山的望東灣、大澳、分流及深屈等地。當中亦曾發生一些驚險事件，例如因為錯踏石頭而嚴重扭傷腳踝、在陡斜的山坡上迷路等。

飛上晴空

我想最令人羨慕的研究任務，莫過於搭乘經漁護署安排，由政府飛行服務隊駕駛的"海豚直升機"，從 300 尺左右的高空中尋找海豚蹤影。利用直升機觀察鯨豚的好處有二：首先，就是能在短短個多小時內，搜索一大片海面面

在山上居高臨下地觀察海豚。

進行海上調查的研究員在搜索海豚過程中,不斷記錄海面狀況等研究資料。

安坐直升機,觀察海豚之餘也可欣賞香港野外的美麗景色。

積，並可到達一些較偏遠、船隻較難抵達的位置，如吐露港、大鵬灣內的印洲塘、東平洲及西貢外海一帶。再者，由高空俯瞰海面尋找江豚更為有效，因為江豚生性害羞，常給靠近的研究船嚇跑，而且江豚經常在靠近水面下的地方活動，由上而下觀望便可看穿水面，作更清晰的觀察。

安坐於直升機上，我們有幸可欣賞香港的醉人景致。在天朗氣清的日子，郊野特別明豔照人，不論是高聳的羣山、蜿蜒曲折的海岸線，或是眾多的島嶼、良灣、山谷、泥灘等，一一盡收眼底，心中不禁讚嘆造物主的精心設計。在翱翔天際時，身上像長了翅膀，從繁忙擠迫的都市抽離，頓覺人的渺小。

眾裏尋 "牠"

對研究員來説，每條中華白海豚都是獨一無二的，各有其活動範圍、生活習性、喜好及行為，所以每條個別海豚都可作為研究對象。科學家甚至相信每條海豚都有其獨特的發聲，讓同伴間能認出彼此的身份。

人類主要靠面部輪廓、身體特徵、聲音來相互辨認，個別海豚是否也是靠同樣特徵來分辨？

當然不是。我們會靠海豚的背鰭來辨認牠們的身份，當牠們玩耍、興奮時，會互相追逐和用牙齒咬對方。由於牠們背鰭後緣的軟體組織較為脆弱，所以被牙齒咬完後會留下凹凸不平的裂口。這些裂口便形成一個獨一無二的圖案，就像人類的指紋，可供研究員辨別出每條海豚的身份。這種研究方法稱為相片辨認法（Photo identification），是全球鯨豚研究員最常採用的研究方法之一。

除了背鰭的裂口外，研究員還會利用海豚背鰭的形狀、身上的斑點及胎記來辨別個體。香港中華白海豚其中一個特別之處，就是隨着年齡身體顏色會出現一些變化。

相片辨認法

相片辨認法廣為世界各地鯨豚學者所採用，主要是透過鯨豚身體上的特徵，如背鰭及尾鰭的形狀、身體的斑駁及傷痕等，以了解其生活習性及估計其數量。

當灰黑色的海豚長到少年階段，身體的灰色會慢慢褪掉，隨之而來轉變為密密麻麻的斑點；到青年及成年的階段，斑點便變得愈來愈少，慢慢地體色卻變得愈來愈粉紅。但斑點的褪色過程十分緩慢，所以其有趣的圖案亦成為研究員經常用以辨別個別海豚的工具，一些類似胎記的印記更不會消失，成為研究員長期追蹤個別海豚的重要線索！

一些較為特別的中華白海豚明星，卻因為牠們曾遭逢厄運，被人類活動所害以致在身體留下十分明顯的傷痕，所以特別容易被辨別出來。

最多人認識的 Ringo（又名 NL11，意指在北大嶼山（North Lantau）發現的第十一條中華白海豚），頸項上便有一道環形疤痕，相信牠幼年時曾經被漁網纏住頸部，後來身體慢慢長胖，魚網便脫落，但頭部仍留下一道深深的烙印。

另外，有數條海豚的命運亦同樣坎坷，如近年經常在香港水域出現的小海豚 NL286，在不到一歲時便曾被棄置漁網纏住背鰭足足一年多。但幸運地牠最終掙脫了漁網"重獲自由"，其遭遇更被我會（香港海豚保育學會）幹事改編為《希希大冒險》故事的主角。

1. 灰黑色的海豚長到少年階段，身體的灰色會慢慢褪掉，變為密密麻麻的斑點，研究員亦可用每一條海豚與別不同的斑點圖案，以辦別牠們的身份。

2. 頸項上有一道環形疤痕的 NL11（Ringo）。

3. 曾被棄置漁網纏住背鰭的 NL286（希希）及其母親 NL202（左）。

4. 背鰭被船葉割斷的 NL60。

5. 上顎斷掉的 "崩嘴仔" NL90（下）。

也有一些海豚身負重傷，如背鰭被船葉割至塌下來的 NL60、上顎斷掉一半的崩嘴仔 NL90 等，這些“傷殘海豚”能夠一一存活，展示了頑強的生命力，其易於辨認的外形，更使牠們成為重點研究對象。

　　研究個別海豚是我工作裏最有趣的部分。要知道海豚的壽命長達 40 年，要深入了解其生活狀況及面對的問題，不單要從整個族羣角度，研究其數量及分佈變化，更要從個別海豚身上獲得重要的“情報”。譬如説，我們在香港及珠江口已辨別超過 800 條中華白海豚，在過去十多年，我亦一直監察着百多條較常於香港水域出沒的海豚的活動範圍及其核心區之變化，以研究牠們在大嶼山的移動模式，及會否受沿岸的工程影響。

　　近年更深入研究個別海豚的社羣結構及相互關係，發現在大嶼山水域存在着兩個社羣，而兩個社羣唯一互相交往的地方，正處於大澳至新機場以西一帶水域，即興建中的港珠澳大橋香港接線的施工範圍。未來數年，我們將密切監察在該區出現的海豚朋友，細看牠們會否被工程影響。當愈深入認識這班海豚朋友，就愈能了解牠們面對的困境，有助我們制訂更適切的保育措施。

鯨豚生與死

過往我曾多次擔任"海豚執屍隊長",究竟從擱淺的海豚身上,我們可以獲取甚麼線索,以協助我們了解鯨豚的生活習性和面對甚麼的威脅呢?

處理鯨豚屍體程序

當市民發現鯨豚屍體後,一般會經政府的鯨豚擱淺報告熱線(近年轉為 1823 政府熱線)、警察或其他政府部門通知研究員。最初通報時,我們會要求提供發現日期、時間及地點,和擱淺鯨豚動物的特徵、身長及狀況(如是否已死亡、屍身腐爛程度等),以讓我們對現場情況作初步估計,並作出發前的準備。接着,研究員便會到現場尋找屍體發現位置、觀察其表面傷痕及拍照存檔,以初步評估其死因,例如是否被漁網纏繞導致窒息而死,或被船隻撞擊致死等。

然後我們便開始量度擱淺鯨豚的身長及身體各部位,以作分類學上的深入研究。到正式解剖時,一般都是先拿取皮膚樣本作遺傳學及性別鑒定的分析,再割下數片皮下脂肪層作毒理學的研究,以分析海豚身體積存的有機化學物濃度。繼而再拿取數顆牙齒作年齡鑑定分析。

　　跟着，我們再剖開屍身，由上至下逐個器官檢查及抽取樣本。首先是檢查肺部有否積水，以評估死因是否與窒息有關，並仔細觀察是否積存一些寄生蟲；再將整個胃部割下，以研究其覓食習性。因為海豚吃下魚類，就算已被消化淨盡，還會留下魚的耳骨，可作魚類品種的鑑別區分。此外，肝臟及腎臟亦會被割下用作重金屬濃度的化驗；而生殖器官的樣本則可用作繁殖學的研究。最後，我們亦會搜集擱淺海豚的頭骨作品種鑑別及分類學的研究，並會割下一段脊椎骨以檢查是否達到完全成熟的階段。

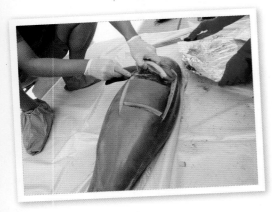

從擱淺的海豚屍體上割取樣本作化驗。

　　上述的樣本抽取過程已是簡化的程序，因為當遇到一些剛死掉、較為"新鮮"的鯨豚屍體，便需要有獸醫協助作詳盡的解剖，拿取多些樣本作病理學、微生物學、寄生生物學等研究，以評估其死亡時的健康狀況。所以，我們以往不斷呼籲市民發現鯨豚屍體時需從速報告，以協助我們找出海豚的死因。不幸的是，絕大部分在香港擱淺的鯨豚，其屍體都因為腐爛較為嚴重而未能確定死因，令鯨豚擱淺調查工作舉步維艱。

西貢北潭涌郊野公園遊客中心展示的鯨豚骨骼供公眾參觀。

樣本的處理

拿到各個樣本後又如何處理呢？由於香港鯨豚研究的專才極少，所以必須倚賴外國專家（尤其美國的同儕）協助化驗部分樣本。但亦有部分化驗在香港進行，例如香港城市大學曾經對海豚身體積存的環境污染物濃度進行化驗。

一般來說，大部分樣本都會儲存在冰箱內，但亦有一些放在辦公室。最令人頭痛的是，頭骨樣本愈積愈多，香港卻沒有一所自然科學博物館以供存放，所以惟有暫存於我們擠迫的辦公室內，漸漸辦公室也成了一所另類鯨豚博物館。我們亦曾替漁護署製作數副完整的海豚骨骼，現分別存放於西貢北潭涌的郊野公園遊客中心及香港科學館，有空不妨到訪參觀我們的精心傑作！

我們除了每年要處理至少二、三十條鯨豚屍體外，偶然遇上一些鯨豚動物擱淺時還是活着的，這些個案為研究員帶來更大挑戰。

雖然鯨豚動物活體的個案，在香港寥寥無幾，但在外國，或鄰近的台灣卻時有發生。當地政府及研究人員處理這些活體擱淺的普遍做法可歸納為三種：推回大海、拯救復健，或進行安樂死。在不同國家，甚至同一國家的不同省份，其處理的態度及方法可以是南轅北轍。

處理活體擱淺

　　我們參考了多個國家的例子，並向香港政府建議了一套處理鯨豚活體擱淺的工作流程：

　　首先，研究隊伍抵達現場前，我們會先指導在場人士仔細觀察其行為，亦不會拉扯其尾鰭及胸鰭，及注意不要掩蓋其氣孔。在場人士可盡量減輕擱淺鯨豚之痛楚，如將其身體慢慢抱起，放回水中，等待我們到場支援。在場人士必須將自身安全放在第一位，因為鯨豚的尾部強而有力，一不小心便可能被牠弄傷。更重要的是，切忌貿然將鯨豚放回大海，因為可能令牠承受更大的傷害。

　　研究隊伍抵達現場後，會先確定擱淺鯨豚的品種、觀察牠的反應，並仔細檢查其身體狀況，再決定是將牠放回大海、進行安樂死，還是帶回康復中心。作決定時，要以確保該動物不再受額外痛楚及折磨為大原則，並要考慮擱淺鯨豚的品種、個體數目、環境狀況、已擱淺在岸上的時間，及其身體狀況、年齡和體型大小。根據過往經驗，一般體型較龐大的鯨魚（如抹香鯨、鬚鯨等），能被救治的機會極低，所以大多只能以安樂死方法了結其生命以減少痛楚。

決定進行哪一項行動後，還有很多細節必須留意。例如若決定將擱淺動物放回大海，必須確定其身體狀況良好，並能自行在水中保持平衡；海面亦需要較為平靜，及有足夠器材以安全地搬動該動物至淺水區。

鬚鯨

鯨類動物共分為鬚鯨及齒鯨兩種。鬚鯨的主要特徵，為牠們利用口腔內的鯨鬚過濾細小的浮游物及魚類，及其氣孔只有一個。現今世界上共有四個科及 16 種鬚鯨分佈於世界五大海洋。

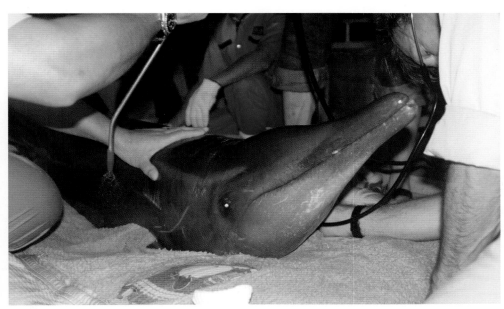

正在處理一條活體擱淺的糙齒海豚時，獸醫正為牠檢查身體健康狀況。

如發現擱淺鯨豚的身體已有部分殘廢、大量出血，或對外界毫無反應，便應由合資格的獸醫為其進行安樂死，並向在場人士清楚解釋該決定，以免引起不安。

若最終決定擱淺鯨豚適合帶回康復中心（如海洋公園等），便必須仔細考量是否有足夠資源及安全途徑運載該動物，及康復後能否盡快將牠送回大海。如該動物最終無法返回其原有棲息地，一般來說都不應將牠帶回醫治，因為牠已不能再成為生態系統的一部分，繼續存活的意義不大，更談不上是保育工作了。

人類是感性的動物，當遇到可愛的鯨豚擱淺，惻隱之心必驅使我們盡力拯救牠們。但若由擱淺鯨豚的自身出發點考慮：牠被我們拯救是否有違其意願？我們能否知道其擱淺的原因？我們將筋疲力盡的牠推回大海，是否只為滿足我們當"拯救者"的心態？即時野放或康復後野放，是否符合牠們的利益，及野生族羣的利益？

這些問題沒有絕對答案，但我曾親歷數宗事件，發覺拯救人員不自覺地考慮自我的因素，多於將擱淺動物的權益放在首位，以致這些擱淺動物要承受不必要的折磨及苦難，我們人類還以為自己做了一件好事。

香港已經較為幸運，因為我遇上的活體擱淺個案寥寥無幾。但在台灣，每年發生的個案達數宗甚至更多，不單令研究野生海豚的資源被挪至拯救活體擱淺，令保育工作被忽視，更甚是引起應否拯救鯨豚的爭議。此外，亦有多次野放失敗的個案，令動物蒙受不必要的痛苦，香港的研究員應引以為鑒。

研究鯨豚的新領域

　　研究香港海豚的日子久了，已經開始漸漸掌握牠們的狀況，但並不代表我已解開研究上的所有疑竇，反而愈是加深了解，愈發現更多的研究問題。也許窮一生的精力，也只能認識牠們的一鱗半爪。要深入認識這種長壽、長時間生活在水中的動物，的確需要動動腦筋，利用嶄新方法及思維去分析牠們的生活狀況。我們也積極開展新研究項目，加深對本地鯨豚的認識，以便更有效推動保育工作。

收集海豚聲音

　　在過去數年，我們在研究船上添置了研究器材，並在大嶼山水域設立了 19 個水底噪音監察點，以收集海豚生活環境的噪音數據。初步研究發現，工程施工船隻、觀豚小船，及來往中港澳的高速船，都為海豚帶來噪音滋擾，嚴重影響牠們覓食及與同伴溝通，迫使牠們離開原本生活的水域。

　　此外，我們亦運用可供在船尾拖行的水聽器（Towed Hydrophone），近距離錄取牠們發聲行為的數據，以了解水底噪音如何影響海豚的日常生活。研究團隊更嘗試利用一

水聽器

水聽器為水底專用的收音設備，鯨豚專家主要利用寬頻水聽器錄取水底噪音及鯨豚發出較低頻的聲音，而窄頻水聽器主要用作錄取海豚發出較高頻至超音波的叫聲。

水底自動錄音系統 C-POD

水底自動錄音系統是一種較新穎的鯨豚聲學研究儀器，其好處是可長期放置在海床、不分晝夜錄取海豚的聲音，以偵測牠們的存在，並不受惡劣天氣等影響，但需經過一段時間才由海床取回以下載海豚發聲記錄。

套嶄新的水底自動錄音系統 C-POD，在海豚經常出現的水域定點放置，24 小時運作以收集發聲記錄，更讓我們首次得到海豚於晚間出沒的重要數據，以全面協助海豚保育工作。

監察海豚行為

除收集聲音外，我們會定期於陸上據點，利用數碼經緯儀器（Digital Theodolite），精確地記錄海豚每次上水的位置及時間，以計算海豚每次潛泳的時間、方向、泳速及相關行為。此研究針對大澳的觀豚船隻，及分流對開頻繁來往的高速船隻，對中華白海豚行為上作出的影響。初步數據已發現，當船隻在海豚附近出現時，海豚行為會有明顯變化，這些新的研究資料將有助我們游說政府推出相關的保育措施，保護海豚免受水底噪音滋擾。

數碼經緯儀器

數碼經緯儀器原本是用作陸上測量的工作，但亦被鯨豚研究員用作追蹤海豚的移動路線，以了解牠們的行為（如泳速、移動方向、上水呼吸頻率等）。其原理是透過陸上的一些定點位置，再加上陸上觀察點之高度及潮汐漲退等因素，為於海中發現的海豚不斷定位。

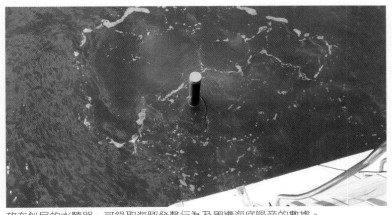

放在船尾的水聽器，可錄取海豚發聲行為及周遭海底噪音的數據。

棲息地模型

主要是透過海豚
多年來的出沒記
錄，及影響海豚
棲息地運用的因
子，放進一些複
雜的數學模型，
可就未來因着不
同環境變化及人
為破壞海豚生存
環境，而預測海
豚受影響的情況。

棲息地運用

棲息地運用主要
是分析海豚之分
佈與海洋地理環
境（如水深、海
床特徵）、漁業
資源、水質（如
溫度、鹽度、濁
度）、人類活動
（如填海、挖泥）
等因素之關係，
從而確立海豚重
要生存環境的特
質，及作出保護
這些海豚賴以為
生的重要生存環
境的保育建議。

長時間追蹤海豚動向

對於機場興建第三條跑道的爭議，我們必須仔細審視個別中華白海豚在大嶼山水域的移動路線。根據多年來的相片辨認數據，有理由相信機場以北將要面臨大型填海的水域，正位處三個海豚活躍核心區（即龍鼓洲、大小磨刀洲，及大澳水域）的中間位置，亦即海豚移動路線的"交通樞紐"。為了解基建工程對中華白海豚的影響，我們也開展了一項新的研究工作 —— 長時間追蹤一些個別海豚，在不滋擾牠們的情況下，隨着牠們的游動記錄其行為上的變化，以詳盡的方法了解其移動路線及行為習性。

建立棲息地模型

在環評的工作上，我們亦將面對着嚴峻的挑戰 —— 我們需要了解眾多擬定的基建工程對中華白海豚產生的累積影響。未來十數年，大嶼山將面對排山倒海的發展壓力，而工程發展為海豚帶來的威脅，成為了我們重要的研究課題。故此，我們將十多年的數據與加拿大特倫特大學（Trent University）的博士研究生分享，並共同建立一套嶄新的中華白海豚棲息地模型（Habitat model），確立牠們對棲息地運用的條件，其後逐一將額外的基建工程項目加入模型內，以評估海豚會否受到嚴重的累積影響。這項累積影響評估將會為環評報告帶來重要的資訊，有助全面了解海豚將面對的種種危機。此外，模型亦可加入一些緩解措施，如將海域劃作海岸公園，或重整航道等重要措施，看是否能有效增加海豚在香港水域的使用量，及預先評估這些措施的成效。

於陸上據點利用數碼經緯儀器記錄海豚上水的位置及時間。

第二節

海上精靈的點滴

守護回歸吉祥物

當香港人有機會親身觀賞中華白海豚時，總會驚嘆這片彈丸之地竟然存在如此珍貴的海洋生物。其實，中華白海豚已經在珠江口一帶存在一段長時間了，甚至比我們的祖先更早於香港出現。中華白海豚絕對稱得上是香港原居民！可惜，香港人對本土環境及生物缺乏敏感，常常錯失了保育良機。

及至 90 年代中期，赤鱲角即將興建新機場，我們才驚覺中華白海豚的存在。但在海中幹活的漁民，卻一直留意到這些海豚，甚至為牠們起名為"烏忌"、"白忌"。"烏忌"是指灰黑色的幼豚，而"白忌"則指成年的粉紅海豚。

為甚麼可愛的海豚竟是漁民的忌諱？因為海豚會從漁民的漁網中覓食。聽說以往水上人會把爆竹擲進水中，以嚇走漁網附近的中華白海豚。此外，迷信的漁民視中華白海豚為不祥之物，例如當牠們跳出水面後會帶來大風浪。有些漁民更認為中華白海豚是天后娘娘的"跟班"，或是遇難海員轉世投胎，所以神聖不可侵犯。也許有關中華白海豚的謠言滿天飛，但漁民一般都不會傷害牠們，以免招來

彼得・文地
（Peter Mundy）
一位曾在 17 世
紀到訪中國、印
度及日本等地的
英籍探險家，他
於 1637 年在珠
江三角洲首次發
現及記錄中華白
海豚的出現。

彼得・奧斯
貝克（Pehr
Osbeck）
此瑞典籍的探
險家為著名分
類學家卡爾・
林　奈（Carolos
Linnaeus）的高
徒，曾發現超過
600 種生物；他
於 18 世紀中花
了四個月的時間
在中國的廣東地
區研究當地的動
植物，當中包括
中華白海豚，並
首次在分類學上
將其定為一新物
種。

惡運，更不會捕獵牠們食用。這對中華白海豚來説也是一種福分！

根據中國歷史文獻記載，古時亦出現類似中華白海豚的海洋動物。例如，清朝的《廣東新語》中有提及人魚（或稱作"盧亭"）：

"又大風雨時，有海怪披髮紅面，乘魚而往來。乘魚者亦魚也，謂之人魚……人魚之種族有盧亭者，新安大魚山與南亭竹沒老萬山多有之……見人則驚怖入水，往往隨波飄至，人以為怪，競逐之……人魚長六七尺，體髮牝牡亦人，惟背有短鬣微紅，知其為魚……"

這些詳細描述跟在大嶼山（古稱大魚山）一帶出現的中華白海豚相當吻合。

另外，根據西方文獻記載，在 17 世紀，西方探險家彼得・文地（Peter Mundy）首度在珠江三角洲發現中華白海豚。到 1757 年，此物種再被一位生物學家彼得・奧斯貝克（Pehr Osbeck）在珠江流域觀察後所確立，並以發現地方命名此新物種，所以其拉丁文名為 *Sousa chinensis*。

談到中華白海豚的名稱，存在着兩個謬誤。首先，在生物學上此物種的正確名稱為"印度太平洋駝背豚"，牠們不只在中國水域出沒，其分佈遠至西面的南非、東至中國沿岸水域、南至澳洲北部，並在印度洋、波斯灣，及東南亞多個國家的沿岸水域出沒。

此外，中華白海豚的顏色並非白色，牠們剛出生時呈灰黑色，到少年時身體滿佈斑點，當長大後，身體顏色逐漸變成粉紅色。牠們擱淺時，身體呈白色，了無血色，不知是否因而被形容為"白"海豚。

中華白海豚在香港的正式記錄，主要靠漁農處（漁農自然護理署前身）自70年代開始，儲存中華白海豚及其他鯨豚的擱淺記錄。直至90年代，政府為興建新機場，計劃在大嶼山北面的赤鱲角島周邊進行大型填海工程。由於擔心附近的海洋生態環境會受影響，環保人士才開始關注經常在該水域出現的中華白海豚。一些團體更大膽推測

中華白海豚是香港的原居民。

中華白海豚會因為填海工程而在香港絕種。這種說法雖無事實根據，卻甚囂塵上，並成功將中華白海豚推到各大傳媒平台，令香港人意識到牠們的存在。

1997 年，中華白海豚被選為香港回歸慶祝活動的吉祥物，令其知名度更上一層樓。以中華白海豚作吉祥物具有特別意義：根據當時的官方解釋，牠們不單是在香港水域經常出沒的珍貴動物，更由於"牠們每年都會游回珠江三角洲等地繁殖後代，具有不忘故土、熱愛家園的品質，而香港是中國不可分割的一部分，理應回歸祖國。"

自此，中華白海豚成為香港的動物明星，此事無疑有助保育工作。但世上有哪個地方不守護吉祥物，反將牠們推向險境，令其萬劫不復？如果中華白海豚有一天真的在香港消失，這會否成為令人詬病的笑話？香港人應上下一心守護吉祥物，令牠們世世代代在香港安居樂業，成為香港人的驕傲。

神出鬼沒的原居民 —— 江豚

　　除了中華白海豚，香港還有一種神出鬼沒的鯨豚動物。雖然其知名度不及中華白海豚，但同樣在海洋生態系統中擔當重要角色。牠們就是常在香港南面及東面水域出沒的江豚。

　　江豚在許多方面都跟中華白海豚甚為不同。在外形上，江豚的體色較為黑沉沉，而且沒有長長的吻部及背鰭（所以江豚的英文名為 Finless Porpoise）。事實上，中華白海豚及江豚不算近親，牠們分別屬於海豚科（Delphinidae）及鼠海豚科（Phocoenidae）。後者的成員一般行蹤鬼祟，體形較細，而且牠們的牙齒都呈鏟形，與呈圓錐形的海豚牙齒甚為不同。

江豚的生活習性

　　在香港水域出沒的江豚，其生活特性亦與中華白海豚截然不同。牠們主要在遠離珠江河口、受海洋性水流影響的香港南面及東面水域生活。兩者在分佈上唯一重疊的地方，就是在大嶼山西南面，近索罟羣島及分流一帶的水域。但奇怪的是，我們卻只有一次罕有地發現中華白海豚

海豚科（Delphinidae）

在鯨豚分類學上，齒鯨共分為十個科，其中的海豚科共有 36 種鯨豚品種，當中的多樣性甚高，廣為人熟悉的中華白海豚、瓶鼻海豚及殺人鯨均屬此科。

鼠海豚科（Phocoenidae）

鼠海豚科共有七個成員，除了白腰鼠海豚會在船首躍浪外，其餘均是極為害羞的動物，所以在海上觀察牠們十分困難。牠們一般體型較為細小，其背鰭均有一些突起的小突粒，而且牙齒為鏟形（海豚科的成員牙齒均呈圓錐形）。

香港水域出沒的江豚。

和江豚聚頭，一般情況下牠們總是彼此好像要避開對方似的。

江豚與中華白海豚在分佈上也大為不同，主要跟牠們的覓食習性有關。中華白海豚較為挑吃，只會獵食於河口生活的魚類；江豚的食物較多元化，除了河口出現的魚類，還包括其他近岸的海洋性魚類，甚至頭足類（如魷魚、墨魚），及蝦等，所以牠們在香港的分佈亦比中華白海豚更廣泛。

江豚全年居於香港，但卻根據季節變化而出現。在冬、春兩季，牠們主要在大嶼山南面及南丫島一帶水域出沒，而且出現數目明顯增多，相信在此繁殖期間，很多江豚母子均游到這些水域覓食。到了夏、秋兩季，江豚在這些水域差不多全面撤退，反而於香港東面的水域，尤其是蒲台羣島及果洲羣島一帶出現。根據我們在香港境外的研究，江豚可能在夏、秋兩季由香港的近岸水域，游到香港南面的萬山羣島一帶水域生活。

怕羞的江豚

江豚的性格非常害羞，當船隻靠近時，牠們便會在水面快速滾動，匆匆吸一口氣後便潛進水中，繼而消失得無影無蹤。在平靜的水面觀察牠們時，就像看見一輪輪的車胎在水中浮沉，當船隻湧起浪花時，牠們便失去影蹤。再加上牠們沒有背鰭露出水面，所以江豚是世界上 80 多種鯨豚動物中，最難研究的對象之一。

在海上研究江豚難度甚高，我們能掌握的資料相比中華白海豚來說仍屬起步階段，甚至牠們在香港的數目統計還是無從入手。反而透過擱淺個案，卻知道牠們在香港正面臨不少威脅及危機。

威脅江豚的因素

江豚在香港的一個主要死因，是常被漁網誤捕，這亦是全球所有鼠海豚科成員的最大威脅。雖然江豚沒有跟隨漁船覓食的習慣，但由於很多漁民放置流刺網，當牠們撞向這些漁網時，便會被不斷纏繞而無法掙脫，最終窒息而死。

另外，大嶼山南面有很多來往港澳兩地的高速船隻航行，此航道正處於江豚經常出沒的棲息地。這些船隻不單對江豚造成水底噪音的滋擾，更會令牠們受到撞擊的威脅。再者，近年發現江豚已差不多於大嶼山的海岸線附近絕跡，牠們可能不想冒險跨越繁忙的航道，高速船的航行遂令牠們喪失了賴以為生的重要棲息地。

在未來，牠們還要承受基建發展的壓力。這些位處江豚生活環境的工程，包括在石鼓洲旁興建焚化爐、在南丫島西南面及香港東面水域興建離岸風力發電場，及在南丫島東澳灣擬建的博寮港大型發展計劃等。若工程悉數上馬，必定對江豚的生存構成沉重壓力。

相比中華白海豚，我更喜歡江豚。我對江豚的情意結，是源於對牠們格外憐愛。江豚像是香港海豚中的弱勢社羣：牠們沒有華麗的外表、活潑的動作，但與中華白海豚同樣聰明絕頂，有着複雜的語言及社羣結構，在生態系統裏同樣擔當不可或缺的角色。在缺乏鎂光燈的照射下，江豚的處境更需我們關注，以令這羣原居民不會慢慢在香港銷聲匿跡。

出海探朋友

　　我慣常用擬人法解釋海豚的生活習性，所以當我講解海豚的故事時，很多人都能感受到我與海豚的親密關係，就像家人、好友。我將海豚看作人類，因為牠們跟人類有很多共通之處。每次出海尋找海豚，就如同探訪朋友，雖然我們不至於可以互相交流，但看着牠們多年來的經歷，便很容易代入牠們的角色，從第一身感受作為海豚究竟是怎樣一回事。以下為大家介紹我的四位海豚好友，一起細閱牠們有趣又獨一無二的故事。

海豚老友 —— Square Fin

　　我有幾位海豚老朋友，大家相識已十多年，並一起經歷高低起跌。其中一位便是 NL24（外號 Square Fin），是香港的"大好友"。牠長年居於香港，甚少離開本地水域，足跡遍佈大嶼山以北及以西水域，活動核心區包括龍鼓洲及大小磨刀洲一帶的海豚出沒熱點。

　　自 1995 年以來，我們已跟 Square Fin 碰上接近 200次，是我們最常見面的海豚朋友。牠的外形獨得，容易辨認，因其背鰭的末端呈現方角的形狀，此"招牌"在遠方觀

NL24（外號 Square Fin）母子。

察也可以輕易辨認得到！

　　而 Square Fin 的性別亦是耐人尋味。第一次發現牠時，身上的斑點已漸褪，我們估計牠大概 20 多歲，一直以來，我們未發現牠有產子記錄，故判斷牠很大機會是雄性。但於 2011 年 10 月，我們發現 Square Fin 身旁出現了一個小黑影，近距離觀察後，才確定為牠的初生嬰兒，並在往後一個月多次發現牠們兩母子一同出沒。

正當我們為這名"高齡產婦"滿心歡喜之際,卻在兩個月後傳來噩耗。牠的初生幼豚突然消失,相信已魂歸天國。香港的幼豚夭折率甚高,相信跟嚴重的海水污染有很大關係。悲傷之餘,亦只能祝願牠能再接再厲,為香港海豚再添生力軍。

傳奇母親 —— Shallow Lead Notch

與 Square Fin 的坎坷遭遇相反,另一條活躍於香港水域的中華白海豚是一位傳奇母親 —— NL18(外號 Shallow Lead

傳奇母親 NL18(右)及其"裙腳仔"NL259(左)。

Notch）。牠外形獨特之處，是在其背鰭前端有一明顯的凹痕。

在很久以前，我們已確定 Shallow Lead Notch 是一條雌性海豚，因為在 2000 年時已有一條幼豚陪伴在旁，但意想不到的是，這條海豚寶寶一直與母親緊密地生活了九年，直至 2009 年才與 Shallow Lead Notch 分開活動。這種情況很罕見，因為母親產子後，一般會花上半年哺育幼豚，這時母子會形影不離。幼兒斷奶後，還會跟隨在母親附近學習覓食及求生技能，約在兩、三年後便會正式離開母親獨立生活。

或許這是 Shallow Lead Notch 最後一次懷孕，所以亦不急於撇開幼子再交配繁殖，故此才可花較長時間與幼子一起，造就了一條"裙腳仔"的出現。令人欣喜的是，這條幼豚已健康成長，並達到 13 歲的成年階段。

由於 Shallow Lead Notch 的幼子背鰭及斑點圖案獨特，已被編號為 NL259，至今仍間中與母親相聚。牠亦是唯一一條讓我們由出生到成年一直監察着的海豚朋友，相信牠將為我們帶來很多新的研究數據，有助了解海豚一生的經歷。

絕境重生 —— CH34

　　另外一位海豚朋友，牠的命運坎坷，但卻在絕境中重生，反映出香港中華白海豚頑強的生命力。牠的編號為CH34，第一次發現牠的水域為廣東省內伶仃島附近。1997至1998年間曾數次於該水域發現牠，但自此一直杳無音訊。

　　當初發現 CH34 時，牠的背鰭竟有一條長長的黑膠帶深深地嵌入背部的皮下脂肪，形成一個嚴重的傷口，所以牠別名叫"大麻繩"。由於海豚只懂向前游，這條膠帶只會不斷經水流扯進其背鰭下方，深深植入身體。海豚身軀呈流線型，當拖着外來物游動時，額外費力，影響了牠的移動能力。

　　CH34 消失多年後，我們亦漸漸淡忘這條可憐的海豚，但命運卻安排牠游到香港水域定居。2006 年，我們於龍鼓洲及大小磨刀洲一帶與牠數次重遇，而那條膠帶已經扯到背鰭的下方，令背鰭彎曲變形，長此下去可能會扯掉整片背鰭。

　　奇蹟卻在 2007 年 12 月發生。我們驚見牠背上的膠帶竟然消失了，牠終於脫去枷鎖、重獲自由，重拾海豚游動時應有的流暢！可悲的是，跟 Square Fin 一樣，CH34 在

背鰭有黑膠帶嵌入背部的 CH34（外號 "大麻繩"）。

2007 及 2011 年所誕下的麟兒均遭逢不測。在 2011 年，更發現牠伴隨死去的嬰兒達一星期之久。希望牠能重拾心情，繼續繁衍下一代。

滄桑駝俠 —— EL01

　　最後要介紹的海豚好友，編號為 EL01，因首次發現牠時是在大嶼山東面水域。原本大嶼山以東的水域，包括馬灣、竹篙灣、愉景灣及坪洲，都是中華白海豚定期出沒的地點，但是隨着多項基建發展，該處的生態環境已逐漸受到破壞，過去 10 年亦鮮有發現海豚。

事實上，自 1996 至 1997 年經常於大嶼山以東水域出沒後，EL01 的活動範圍不斷西移，以逃避人類活動的威脅。近年更喜歡單獨出現，似要與世隔絕般。

牠的背鰭至尾巴之間有一處充滿疤痕的隆峰（外號 "駝俠"），並經常滿身傷痕，有幾分滄桑感。由於在 1996 年發現 "駝俠" 時，牠已是全身粉紅色並沒有帶任何斑點，所以我們一直認為牠是一條年紀較老的海豚婆婆，因為雄性中

"駝俠" EL01，圖中正利用弓箭進行活體採樣，由牠身上抽取皮膚樣本以鑒定其性別。

華白海豚一般到年長時仍留有一些斑點。

　　直至 2004 年，我們利用活體採樣的方法，成功在“駝俠”身上獲取一片皮膚作性別鑒定，分析結果顯示駝俠原來是一條雄性海豚，才驚覺牠原是一位花甲老翁！我們暫時仍未確定牠是否一條罕見的白化病者，或是我們對白海豚的身體顏色變化還沒有好好把握；另一個可能是，“駝俠”本身是一條年紀十分老邁的海豚，説不定比香港記錄最老的 38 歲海豚還要年長！

跟海豚的零距離接觸

曾經有一條令我刻骨銘心的海豚，牠於我心中擁有超然地位。我與牠的結識，也不過是數天的時間，但我們的相遇卻令我悲喜交集，至今仍常常懷念牠。

與活生生的中華白海豚近距離接觸，時常在海上發生。有時當牠們在船首吸引我們注意時，其噴出的水花常濺濕我的腳；有多次當牠們在船尾嬉戲玩耍時，我便索性坐在甲板上將腳放到水中，嘗試踢水花以吸引牠們的好奇，有數次牠們真的游到我的腳旁約半米的距離，如果我在那時跳進水中，必定能將牠們抱住呢！

但與中華白海豚真正的零距離接觸，要追溯到 2003 年 8 月 8 日的晚上。我接到漁護署的電話，便立刻出發往位於新界東北偏遠的三椏涌，救援一條活生生的擱淺海豚。根據發現海豚的市民描述，是一條白色海豚，即是説，有可能是一條中華白海豚。中華白海豚在香港西面水域出沒，但擱淺地點為新界東北，即海豚要游幾十公里的崎嶇海岸線才能到達事發地點，基本上是不可能發生的事。無論如何，誤報情況雖時有發生，但也唯有到現場看個究竟。

抵達三椏涌後，我便向擱淺方向直奔，當發現該條海豚時，情不自禁地叫了一聲："原來真是中華白海豚！"那條海豚可憐兮兮地側躺在泥灘上，身上患有嚴重的皮膚病，看來有點虛弱；但當時牠還想掙扎而輕微擺動身體，但因潮水漸漸退去，所以身體亦動彈不得。

為了令這條身心俱疲的海豚平靜下來，我要求現場人士細聲談話，讓我可以跟牠輕輕說話，令牠安定下來。曾聽說在拯救擱淺海豚時，可以與海豚不停講話，令牠感到親切並慢慢熟悉你的聲音而鎮定下來。我嘗試如此安慰牠，跟牠說不要擔心、鎮定一點、我們會盡力協助牠回家。神奇的是，牠竟像聽懂我的話，開始慢慢放鬆下來，甚至在我懷中休息。

在懷抱中安睡

為免牠的身體承受壓力，我們將牠慢慢移到淺水區，並嘗試讓牠浮在水中。但牠像出了一點毛病，老是向一邊傾側，不能在水中自我平衡，其呼吸氣孔因此不能露出水面，我們唯有合力在水中抱着牠，希望讓牠慢慢恢復體力。

在漆黑的晚上，我和數位研究助理（包括內子）、漁護署獸醫一行六人，一直守候在海豚身邊，牠間中有些掙

曾協助拯救一條擱淺的中華白海豚，發覺牠睡覺時也會合上眼睛！

扎，但最後疲倦得在我們的懷抱中睡着了。雖然研究海豚已有一段時間，我卻不知道原來海豚睡覺時眼睛是合上的。

我們嘗試在牠睡覺時，放手讓牠半浮半沉，發現牠間歇地自動浮到水面呼吸，相信牠們在野外睡覺，應該也是這樣。我們亦把握難逢的機會，盡情地觸摸牠的背鰭、額隆、吻部及尾巴。這次與海豚零距離接觸的珍貴機會，令我畢生難忘。

我們曾考慮應否將牠送回大海，但由於牠身體虛弱，而且擱淺地點與白海豚的活動範圍相距甚遠，所以打算天亮後將牠送到海洋公園，先讓獸醫治理好牠的身體，才決定是否將牠送回大嶼山附近海域。

　　翌日清晨海洋公園職員乘坐水警輪到達現場後，利用擔架將牠抬到船上，抵達黃石碼頭再經陸路返回海洋公園的水池。沿途我陪伴在牠左右，不斷向牠説一些鼓勵説話，因為對一條從未離開過海洋的生物，還要牠舟車勞頓，煩雜聲音又不斷在耳邊出現，一定面對很大的壓力。最後牠更要被移到陌生的人工環境暫住，不知牠能否熬下去。

　　回到海洋公園，與牠在水池中安頓一番後，我便拖着疲倦的身軀回家休息，心裏卻仍記掛着這位海豚朋友。

年屆 27 的小三

　　回家後，我根據該海豚的背鰭相片與中華白海豚的辨認名錄對照一番，發現原來我們曾與這條海豚有數面之緣。我們曾於大嶼山以西水域相遇，牠的編號為 CH76。事實上，在擱淺同年 2 月發現牠時，牠身體已患上皮膚病。我估計可能因為 CH76 身體感染疾病，而被海豚同伴排斥，最後離開原棲息地而迷路至香港東北區水域。由於牠是在三椏村發現，我們便為牠起名為"小三"（後來才鑒定牠是年屆27歲的海豚姨姨了）。

不幸的是，在2003年8月13日突然傳來噩耗，小三在海洋公園的第五天清晨突然死亡。我還未有機會撫平心中傷痛，便要收拾解剖工具趕赴海洋公園。看見小三的身軀放在冰冷的手術枱上，感覺就像看到親人遺體般傷感，但我也得收拾心情，勉強為牠作最後的解剖。

我將小三的骨骼製成標本，讓我們可以憑弔並表達懷念之情。隨後數年，小三的骨骼一直擺放在我的辦公室，最後再製成教育標本，現存放在科學館與另一條江豚及糙齒海豚作展覽用途。

小三的傳奇故事從此畫上句號。與小三共度的晚上令我難以忘懷。這次零距離接觸，讓我肩負保護小三在海中親朋戚友的重任，決意為牠們的將來繼續奮鬥。

糙齒海豚

糙齒海豚的獨特之處，為其頭部的前額沒有像其他海豚般隆起，整個頭部就看似一個圓錐體；另一特別的地方，是其牙齒表面滿佈多條縱向的坑紋，因而得名。

難忘的鯨豚訪客

除了上文小三那次令人刻骨銘心的經歷外，過去還有一些曾與我擦身而過的難忘鯨豚訪客，牠們的故事仍歷歷在目，時常勾起我無限的回憶。

龐大的澳門布氏鯨

2000 年 8 月，我遇上一生中見過最巨大的龐然大物。某天晚上，漁護署官員告知一條活生生的巨鯨在澳門氹仔一個泥灘上擱淺，由於澳門沒有相關專家，故致電香港要求協助，我被急召處理此擱淺個案。翌日下午當我抵達現場後，發覺除了此條長 12 米的巨型布氏鯨外，也有人山人海湊熱鬧的場面。這次鯨魚擱淺在澳門相當轟動，有數百人專誠告假來圍觀。當時，巨鯨已魂歸天國，我們只好趁潮漲前趕緊完成解剖工作。

我從未處理過體積龐大的鯨魚屍體，用來解剖小型海豚的工具因而顯得相當笨拙，結果花了很多功夫才能勉強拿取一些樣本。當我打開鯨腹之際，一大堆小腸及大腸像山洪暴發般湧出來，這些腸道比我的大腿還要粗。後來因為潮漲，我們只好暫時撤退。翌日再用起重機將鯨屍吊

布氏鯨

布氏鯨為一種在熱帶及亞熱帶近岸及離岸水域出沒的鬚鯨，由於喜愛覓食鰮魚，故又名為"鰮鯨"。其主要特徵為頭部上方的三道明顯縱脊，在海中可與其他只有一道縱脊的鬚鯨輕易地區分出來。

在澳門擱淺的巨型
布氏鯨，長達 12 米。

起，移到一個堆填區埋葬。

澳門政府非常重視及積極參與這次事件，其後亦花費將布氏鯨的骨骼製成標本，並在路環石排灣郊野公園另闢一場地永久展覽，有興趣可前往一睹巨鯨丰采。

西灣少年偽虎鯨

2002 年 8 月，香港有一宗轟動的活體擱淺個案，這次的主角是一條少年偽虎鯨，於西灣擱淺。由於當時我不在香港，我的助手又沒有處理活體擱淺的經驗，我唯有透過長途電話，隔空指揮"救鯨行動"。

當研究隊伍抵達現場後，發現一名市民及其女兒緊抱着小鯨不放，當他見到記者到場後，更自告奮勇拉着小鯨尾巴作狀拯救鯨魚。經過多番勸喻，他才將小鯨交到兩名警察手中，經我的研究助理初步判斷，發現是一條少年偽虎鯨。

由於牠身體虛弱、擱淺地點偏遠，加上颱風迫近，警察們只好緊緊地抱着鯨身，等待

偽虎鯨

偽虎鯨是海豚科的一種，體型較大，頭部呈圓形且體型修長，偶爾會獵食其他鯨豚品種。

在西灣發現的少年偽虎鯨。

獸醫為牠療傷。不幸是浪太大，小鯨赫然掙脫，被巨浪捲回大海。而剛才那位"熱心救鯨"的市民卻不斷指責我們處理不善，在媒體上亦引來一些處理活體擱淺鯨豚的爭議。

翌日返回同一個沙灘，研究助理已發現小鯨的屍體靜靜躺在細白的沙灘上，大家都黯然神傷。但這次實戰經歷，卻為我們帶來寶貴經驗，亦由此制定更詳盡的活體鯨豚擱淺處理程序，以為往後的相同個案作好準備。

大灣巨型抹香鯨

世上巧合的情節很多，這次的訪客是在很巧合的情況下遇到，實在令人難以置信。2003 年 7 月中，我和太太同到台灣東部海域探險，由台東漁港出發前往綠島時，竟意外地首次碰見海中巨無霸 —— 抹香鯨。更令我意想不到的是，翌日早上正準備出海探索時，竟接到漁護署官員來電，告知一巨鯨在香港西貢大灣擱淺，他們到場後發現，原來是一條長八米多的抹香鯨。

抹香鯨不是在幾千米水深的地方生活嗎？為何牠於只有數十米水深的香港擱淺？我們來不及反應，便立刻安排回香港處理事件。

抹香鯨

抹香鯨是 74 種齒鯨中身形最大的成員，成年的雄性身長可達 16 米。此品種亦是動物界的一些紀錄保持者，可深潛至數千米水深，並在水中潛泳長達 90 分鐘之久。另一令人津津樂道的，便是抹香鯨會獵食深海大烏賊，身體往往滿佈與獵物搏鬥後留下的痕跡。

發現擱淺的那個下午，一羣年輕人經我的研究助理指導下，先嘗試扶正鯨身，以減輕鯨魚的痛楚。但他們用盡氣力，仍不能移動巨型的鯨身。研究助理亦只好為牠澆水，以降溫及保持牠的皮膚濕潤。在我們返港途中，獸醫為免抹香鯨再承受更多痛苦，便根據我們制定的指引為牠注射藥物，讓牠安然逝世。

大型抹香鯨於香港擱淺，長達 8 米。

雖然鯨魚已死，但善後工作仍然艱巨。我們不停處理傳媒的追訪、搜集重要的樣本及數據，及協助處理埋葬鯨屍。最後，漁護署安排了一艘拖船，將牠拖到萬宜水庫西壩、近創興水上活動中心對開的一塊空地，進行可能是香港史上最大型的殮葬儀式，終為這次傳奇故事畫上句號。

蘆耈灣糙齒海豚

經歷數次處理活體鯨豚擱淺後，我感到非常幸運，因為這些個案實屬罕見。但還是傷感，因為每次都是以悲劇收場。想不到在 2004 年，又再發生同類事件，而這次"手尾"更長！

在南丫島北面蘆耈灣拯救擱淺的"糙齒海豚"。

2004 年 5 月，我們接報在南丫島北面的蘆耈灣，發現一條海豚在近岸水域被困。到達現場時，發現一怪客在水中動彈不得。怪客外形獨特，其頭部呈圓錐型，卻沒有一般海豚明顯突起的隆額，而且牙齒表面有坑紋，故稱為"糙齒海豚"。由於牠在蘆耈灣擱淺，我們將牠起名"小耈"。

瓶鼻海豚

由於被眾多水族館馴養作海豚表演，瓶鼻海豚為世界上最多人認識的海豚，因其狀似瓶子的渾圓吻部而得名；大多在世界各地的近岸水域出沒，並分為兩個品種。在香港有數次海上目擊及擱淺記錄。

長吻真海豚

長吻真海豚的外形易於辨認，除了其修長身型外，身體兩旁沙漏型的圖案亦十分明顯易見。牠們的行為十分活潑，並經常大羣出沒，在香港水域便有數次記錄。

小耿的情況不算太差，還有一點游動能力，經仔細檢查及拍照存檔後，我們便嘗試抱着牠游向較深水的地方。但一放開手時，便立即游回岸邊，牠的導航系統好像出了毛病。數次放回大海不果後，我們只好將小耿帶回海洋公園，接受獸醫照料，希望待牠康復後將牠送回海中。

小耿雖然生命力頑強，在人工環境生存下來，但牠的活動及覓食能力不如理想，需不斷向牠胃部灌輸食物，久久也不能康復。小耿更在翌年 3 月不幸逝世，結束了我們八個月的短暫友誼。

對小耿來說，我不知要牠在人工環境下勉強多活八個月，會否為牠帶來更多痛苦。我亦開始思考拯救活體擱淺的鯨豚動物，是否只是我們人類一廂情願的決定？

香江稀客座頭鯨

在香港水域出現的鯨豚動物，來來去去都是中華白海豚及江豚，除了十多年來發現一羣瓶鼻海豚、一條長吻真海豚，及間中聽聞其他鯨豚品種的出現外，曾在港出現的鯨豚品種的確不多。

2009 年的 3 月，一位稀客卻到訪香江，並在港島南面

水域徘徊了大概 10 天，這位就是令全港雀躍不已的稀客
──　座頭鯨。接獲牠出現的消息後，我們馬上跟隨漁護署
的船隻，近距離觀察其行為及確認身份，相信牠是一條長
約 10 米、屬於西北太平洋族羣的少年座頭鯨，估計牠在遷
徙往北冰洋途中，迷途而誤闖香港水域。

　　雖然過程中有很多人士出謀獻策，例如建議用聲音驅
趕牠游離香港，但我深信以牠當時的狀況，應有能力自行
游離香港，最重要是讓牠有足夠空間游動，不要對牠製造
任何滋擾。可幸的是，傳媒正面的報導大大減少了滋擾座
頭鯨的船隻。市民亦明白我們的出發點及苦心，並為稀客
送上祝福。

曾令全港市民雀躍不已的稀客座頭鯨。

座頭鯨出現第 10 天，我們大為緊張，因為牠一度繞過港島東，進入維港近鯉魚門一帶，如再進一步游入維港便大為不妙。但翌日，鯨魚於將軍澳一帶水域短暫出現後便突然消失，我們在東面水域搜索多天亦再沒發現牠的蹤影了。

　　我們希望該鯨魚朋友踏上歸途，與牠的朋友在北冰洋相聚。最要緊的是，千萬別回來香港啊！

沒有回鄉卡的跨境海豚

　　人類在地球上劃分不同疆界，又為進出疆界定下很多規限。但在動物世界，牠們的移動不受國界阻礙，所以很多保育動物的工作，尤其針對大型動物，如鯨豚動物，必須依賴不同地區及國家跨界合作，才能取得較好的成效。

　　在香港生活的中華白海豚，屬於一個分佈廣泛的珠江口種羣（population）。根據最新研究，此種羣的出沒範圍東至香港西面水域、北至伶仃洋口的虎門、南至貴山羣島、西至上下川島一帶，甚至會游到廣海灣及陽江等地水域，而此遼闊的水域，均受到珠江流域的八條支流沖出的淡水影響。寄居於這片珠江口水域的中華白海豚種羣，根據數年前的數量估計，數目達至 2500 條以上，所以生活在香港的中華白海豚只屬整個種羣的一小部分。

　　中華白海豚自由來往中港兩地，不受粵港界線所影響。可憐我們在邊界研究牠們時，只要牠們揮一揮尾巴游過界線，我們便束手無策了。在一國兩制下，香港與廣東省的研究員及研究船隻可算是"河水不犯井水"，地域的區分使我們未能進行跨界研究。那香港研究員又如何掌握廣

種羣

種羣為遺傳學上的一個單位。一個種羣內的個體會在一定空間範圍內生活及彼此交配，並擁有同一個基因庫。而種羣與種羣之間極少交往，並因相互之基因交流甚少而存在一定的差異（無論是行為習性或外形上）。因此一個生物種羣亦作為保育管理的一個單位。

中國水產科學研究院南海水產研究所

於 1953 年成立，為國內從事熱帶及亞熱帶水產科學研究的非牟利國家科研機構。其中的海洋漁業資源研究室，便曾在珠江河口完成多項中華白海豚及江豚的大型調查，為香港的海豚研究及保育工作提供重要數據。

東省部分的中華白海豚的生活狀況？

為了研究及有效保育中華白海豚，研究範圍決不能局限於香港水域。我們靠着跨境環評工作的契機，與中國水產科學研究院南海水產研究所的專家合作，該研究所在 1997 至 1998 年間進行了一項關於伶仃洋中華白海豚的研究調查，增進了對中華白海豚在珠江口出沒情況的認識。亦因為此項目的研究所得，我們初步推算珠江口東部的中華白海豚數目達到 1000 條以上，而且確立牠們的季節性移動，及個別海豚頻繁來往粵港兩地的情況。

自此以後，我們和南海水產研究所的同僚便合作無間。我們合作進行了多項珠江口的海豚調查，豐富了對中華白海豚的認識，亦為香港的海豚研究工作提供重要補充。我們把研究中華白海豚的範圍向西擴展，並成功確立整個珠江口種羣的西面分佈界限，估算種羣的數目維持在 2500 條以上。

這些成果得來不易，因為在國內進行深入的鯨豚研究，要面對很多困難。感恩的是有一班我信賴的國內同僚並肩作戰，令我對國內的事情眼界大開。

在國內研究海豚的日子，實在令我十分懷念。雖然身處簡陋的蝦拖漁船上工作，但我和國內同僚及船長一邊搜索海豚、一邊閒聊香港及國內的事情，包括討論海豚保育的問題及困難等。他們更向我教授"國情進修班"，讓我更深入了解國內同胞的日常生活及價值觀。認識了這班好友，是我一生的榮幸。

除了在珠江口進行研究外，我亦有機會與該區的國家級保護區工作人員，及專責海豚保育的政府人員打交道，令我深深認識兩地之間的差異。在交往過程中，我明白對跨界保育海豚可能只是口號的空談，差不多是不可能完成的任務。我為此曾感到十分沮喪，但我相信海豚不會因為人的問題而停止跨界活動，我們亦唯有盡最大努力及誠意，攜手合作，讓海豚世世代代在珠江口繼續繁衍下去。

長江女神與馬祖魚的故事

初入行時，當我協助前老闆解斐生博士（Dr. Thomas Jefferson）翻譯內地有關鯨豚的學術文章時，才驚覺自己是井底之蛙。原來中國內地也有一批鯨豚學者，過去數十年來不斷默默耕耘，為中國鯨豚的狀況盡力填補空白。事實上，在中國長長的海岸線及河道上，鯨豚的多樣性不用說，牠們與人類之間的關係更是微妙。

在中國人心目中，鯨豚多被視為神靈，民間還流傳一些傳說，例如生活在長江的白鱀豚被視為"長江女神"，坊間傳說認為，牠原本為漂亮的公主，但由於不肯依從家族的意願，嫁給自己不愛的男子，最終被父親推進長江溺斃，死後化身為漂亮的白鱀豚。

此外，廈門的漁民稱中華白海豚為"馬祖魚"或"鎮江魚"，因為每當春天接近馬祖誕期間，漁民便發現有很多中華白海豚游進九龍江，以為牠們是為了朝拜馬祖而來，故取名為"馬祖魚"。而且，當中華白海豚出現時，漁民都發現四周風平浪靜，所以亦稱牠們為"鎮江魚"。

國內鯨豚研究學者王丕烈教授。

　　除了一些傳說故事，根據國內鯨豚研究學者王丕烈教授的著作《中國鯨類》，遠在西漢時代撰寫的《爾雅》，已記述了生活在長江的白鱀豚。學術研究方面，反而主要是外國學者早年在中國境內進行研究記錄，直至 20 世紀日本侵華期間，日本將捕鯨傳統帶到中國，並建立捕鯨基地，國內學者包括王丕烈教授，這才開始系統性的鯨豚資源研究。

　　我曾到國內到處走走，更深入了解中國各地鯨豚研究及保育狀況，並順道與一些鯨豚學者討教。

廣西水域研究任務

　　在廣西水域，我曾參與一次特別的研究任務，於當地的合浦儒艮國家級自然保護區內，搜索神出鬼沒的儒艮及中華白海豚。

合浦儒艮國家級自然保護區

位於中國廣西省北海市合浦縣，是國內唯一儒艮保護區。不幸的是，在保護國內儒艮賴以維生的海草床，因人為過度開發而漸遭破壞，多年來保護區亦未有發現儒艮的蹤跡，反而時不時發現中華白海豚在保護區內出現。

59

儒艮、海牛

海洋哺乳類動物
中的一些素食代
表，包括三種海
牛（亞馬遜海牛、
西印度洋海牛及
西非海牛）和儒
艮，以海草和其
他水生植物為食
糧；由於被人類
過度捕獵及生存
環境受嚴重破
壞，三種海牛及
儒艮均屬易危物
種。

儒艮與海牛一樣，同是草食性的海洋哺乳類動物，前
者主要在亞洲沿岸水域的海草床上覓食，其在華南出沒的
範圍包括廣西的合浦及廣東西面的水域。由於牠們因着當
地保護區內被開墾的海草床已逐漸消失，我們並沒有找到
儒艮的蹤影，但卻意外發現數條中華白海豚。

隨後，我亦曾應國內著名動物學家潘文石教授邀請，
到廣西的三娘灣（著名的海豚熱點），協助當地研究人員
進行長期的監察研究。三娘灣是香港以外唯一一個國內舉
辦商業觀豚活動的旅遊勝地。那裏有一羣中華白海豚長年
居住，但牠們亦正飽受當地沿岸發展及觀豚活動滋擾等威
脅。當地研究員希望透過研究工作，找出中華白海豚與人類共存的方法。

廈門白海豚保護區

福建省廈門是另一個中華白海豚經常出沒之地，當地更設立了全國首個為中華白海豚而設的國家級保護區。

攝於廈門中華白海豚保護區。

在 1996 至 1997 年間，當地已展開調查生活在廈門與金門的中華白海豚種羣，此種羣非常細小，數目估計只有數十條。不幸的是，當地的沿岸發展及海上交通繁忙情況，比香港更嚴重。參觀過國家級保護區後，很難想像中華白海豚為何仍能在那裏生存，亦令我懷疑國內的保護區是否只是一項形象工程，還是一個真正為了保護海豚及其他海洋生物的安樂窩。

舉世聞名的白鱀豚淇淇

當我在美國留學時，已經聽過白鱀豚的大名。此物種外形獨特，只在中國長江出現，屬於淡水河豚的一種。早

潘文石教授

中國生物界的權威人物，任教於北京大學生命科學學院，曾多年研究野生大熊貓而贏得"熊貓之父"之美譽；過去十多年轉至廣西崇左開展白頭葉猴的長期研究工作，後期更投入到廣西欽洲三娘灣中華白海豚的保育工作。

世上唯一一條人工馴養的白鱀豚淇淇。

61

在 90 年代，牠已達到極度瀕危的狀況。雖然我無法在野生環境欣賞長江白鱀豚的丰采，但卻非常幸運於 1999 年有機會到武漢的白鱀豚館，探訪世上唯一一條人工馴養的白鱀豚 —— 淇淇。

淇淇是教科書上的明星，所以第一次看見牠時，心情十分激動。但後來又有點悲傷，因為牠可能是人類最後一條能觀賞到的白鱀豚。當牠的同伴在長江流域慢慢消失的同時，牠卻孤獨地在池中打圈，好像生存已是漫無目的。坐在白鱀豚館數小時的我，不斷思索人類與動物界的艱難共存，想起中國人崎嶇辛酸的鯨豚保育路，令我感到黯然神傷。

淇淇最後在 2002 年與世長辭，享年 25 歲。更不幸的是，經過 2006 年一次於長江流域廣泛的搜索，專家均確認白鱀豚為 "功能上絕種"，亦即首個在人類活動影響下而絕種的鯨類動物，此消息非常震撼。白鱀豚別矣，但鯨豚專家還設法希望讓長江的淡水江豚能存活下來。不過，中國發展的巨輪，卻未能因一個物種的生存而停下來。

台灣白海豚的奇妙發現

　　台灣不愧被稱為寶島，除了有山光水色、鄉郊文化、人文地理等豐富特色外，亦有繁華都市的生活。但最吸引我的，當然是台灣及其外嶼周圍出現的鯨豚品種。

　　根據好友王愈超博士及楊世主小姐出版的《台灣鯨類圖鑑》，台灣海域曾出現至少 6 種鬚鯨及 23 種齒鯨，另外還有一些未被確認的喙鯨。

　　台灣鯨類資源豐富，這可能跟它的海底地形有關。台灣西面的水域面向台灣海峽，此淺海區為台灣與中國大陸之間、寬約 200 公里的大陸棚。在這裏可以找到近岸、居於淺水的品種，如中華白海豚、江豚等。

　　而台灣東面的水域卻是深達數千米的海槽或海盆，加上影響該處水域的黑潮（Kuroshio Current），帶來了一些於大陸斜坡生活的飛旋海豚、花紋海豚等，及深水的鯨豚品種，如抹香鯨、喙鯨等。最特別的是，東台灣海的大陸斜坡非常陡斜，所以在離岸不遠的地方已可觀賞到一些難得一見的深海鯨類品種。

飛旋海豚

一如其名，飛旋海豚中以空中翻騰旋轉數圈的絕技而聞名於世；其體型修長嬌小，身體兩側有明顯的三層顏色。

花紋海豚

其花紋的來源，主要是與同伴互動時所產生的白色刮痕，及與獵物烏賊搏鬥後留下的白印，這些白花紋會隨着年齡慢慢增加。花紋海豚主要在大陸棚斜坡較深水的海域出沒，常見於台灣的花東海域。

日佔時期，台灣人沾染了日本人獵食海豚及鯨魚的習慣，20世紀初在墾丁南灣設立了捕鯨基地，至今仍有當地漁民嗜吃鯨豚魚，及進行在非法市場的交易。最令人髮指的，是早年澎湖羣島漁民在每年冬、春之際的海豚屠殺，像日本太地町的海豚灣一樣，將一些鯨豚驅趕至內灣，再拿一些精壯個體留活口轉而販賣至水族館（香港海洋公園部分現有的海豚亦出自此處），其餘就殺掉作食用。

1990年，美國一個保育團體披露海豚屠殺事件而引起國際的關注，台灣當局才修定《野生動物保育法》，禁止此類屠殺活動。自此，當地對鯨豚保育的意識亦有所增加，並轉而發展東岸賞鯨活動，令每年有成千上萬遊客到花蓮、宜蘭及台東等地出海尋找鯨豚。此外，當地對鯨豚的關注亦轉至擱淺事件的處理上，但研究野生海豚生態及保育工作步伐相對緩慢，當中牽涉的複雜問題很難透過三言兩語在此評論。

發現獨立白海豚種羣

對我來說，台灣是一個充滿研究鯨豚契機的地方，但亦同時是一個相當難於進行研究及保育鯨豚的地方。為甚麼我有此觀點？一切要由台灣白海豚說起。

早年一次到訪台灣交流時，聽聞有人在苗栗縣的近岸水域發現白色的海豚，在台中亦曾聽過觀光船找到白色海豚的蹤影，所以我一直希望能解開台灣是否有中華白海豚的疑竇。於是，我便將部分研究收益投入於台灣西部尋找中華白海豚的研究項目中。

　　我跟王愈超博士和楊世主小姐組成的研究隊伍首次於2002年6月出海尋找中華白海豚。意想不到的是，出海不消一小時，便在台中港附近的大肚溪發現首羣中華白海豚。我們感到無比興奮，因為雖然鯨豚研究已在台灣紮根多年，但從來未有人發現這些滄海遺珠，所以此目擊記錄

此生活在台灣西岸的白海豚為一極度瀕危種羣的成員。

是一項新發現。

但當我第一眼目擊台灣白海豚時，腦袋浮起了一些疑惑：為何台灣的白海豚比香港的更為烏卒卒、滿佈更濃密的斑點？再觀察成年的粉紅海豚，發現牠們的背鰭仍是滿佈斑點（香港中華白海豚的斑點會首先在背鰭上消失）。

後來，我和王愈超博士將香港、廈門及台灣西岸三地的中華白海豚作身體顏色比較，發現我們可根據台灣白海豚的濃密斑點，而輕易地被分野出來。後來更斷定台灣白海豚是一獨立的種羣，亦有可能是此品種的一個亞種。

台灣西岸的白海豚應該是在上個冰河時期之後，與中國大陸的中華白海豚分隔，被"獨立"起來。有趣的是，這亦變成了一個政治話題，因為有些人認為台灣西岸的白海豚不應被稱為中華白海豚，牠們應是台灣獨有的種羣，當地保育人士更索性將牠們稱為"台灣媽祖魚"，並成立"台灣媽祖魚保育聯盟"。

另外，我們還發現台灣的白海豚正面對着嚴重生存威脅，甚至比香港的情況更為嚴重。長長的海岸線，滿佈密密麻麻的工廠、發電廠、煙囪，填海工程亦隨處可見。海

國際保育聯盟紅皮書

為全球最權威、最被廣泛應用的生物物種保育指標。透過世界各地頂尖學者的研究和討論，將全球眾多動植物分為近危、易危、瀕危、極度瀕危、絕種及資料不足等保育評級，在世界各地保育工作上被視為一重要參考工具。

水污染問題嚴重，河流因被攔截作工業及農業用途、令河口生態環境面目全非，還有眾多的漁船在西岸作業。在這般惡劣的環境中，還可找到白海豚的蹤影，實在是奇蹟。

事實上，根據研究數據，台灣白海豚只剩下少於 80 條，牠們只生活在不足數百平方公里的近岸水域。眾專家均認為，台灣白海豚的情況已危在旦夕，急需台灣當局正視問題。王愈超博士亦在 2008 年成功將此種羣在國際保育聯盟的紅皮書上，確定為 "極度瀕危"。諷刺的是，台灣政府一直否定此物種的存在，到近年才承認牠們。

在 2010 至 2011 年間，在台灣刮起了一片反對國光石化開發案的風暴，而中華白海豚亦身處風眼中，我被當地保育組織邀請參與其中陳述當地白海豚的困境。

由於國光石化興建需牽涉 4000 公頃的近岸填海工程，而該工程正處於台灣白海豚種羣的出沒範圍中心，一旦填海工程進行，勢必將牠們推向滅絕的邊緣。環保人士深切關注白海豚的安危，認為牠們的生存危機有機會推翻整項工程（當然，工程還牽涉眾多環境問題），白海豚漸漸成為整個討論的核心，令牠們成為台灣野生動物界的明星。

反對國光石化開發案

於 2005 年提出的大型石化投資開發案，原計劃在台灣彰化縣近岸水域填海數千公頃，直接影響東台灣海峽白海豚之生存，並帶來眾多健康風險、濕地破壞及威脅當地漁農業等負面影響，備受爭議。於 2011 年，台灣總統馬英九宣佈不支持此開發案繼續進行，因而告終。

面對保育的問題，台灣行政院長吳敦義提出"白海豚會轉彎"的荒謬說法，並提出為白海豚開設一條水道，以訓練牠們游過填海範圍等怪誕解決方法。可幸的是，台灣始終是民主社會，亦因為當地保育團體的努力，馬英九總統在 2011 年 4 月宣佈不支持國光石化開發案繼續進行，事件這才得到平息。這次事件中，我體會到台灣的公民社會力量。慶幸這裏的保育工作雖然荊棘滿途，但當地人為了自己的環境鍥而不捨地爭取，實在令人欽佩。

第二章

水平線下的
海豚世界

第一節

衣食住行

海豚熱門 "蒲點"

在大嶼山附近的水域，不同的中華白海豚都經常會在一些特定地方流連，就像我們較喜愛流連的吃喝玩樂"蒲點"。海豚較常出沒的地點，包括大嶼山以北的大小磨刀洲、龍鼓洲、踏石角、爛角咀一帶，大嶼山以西的大澳、雞翼角、分流一帶，及大嶼山以南的狗嶺涌及索罟羣島一帶。

我當年博士論文的研究，就是要找出為何海豚在這些"蒲點"出現的頻率遠高於其他地方，即為牠們的棲身地運用（Habitat use）進行詳盡分析，再根據牠們的喜好，度身訂做切合牠們所需的保育措施。

我的研究發現，中華白海豚較喜愛在海床傾斜度較高的地方，如深水溝（Deep-water channel）兩旁、島嶼周圍及陸地角咀附近的水域出沒。這可能跟覓食機會有莫大關係。根據文獻記載，在淺水區較深水位置的漁業資源一般較為豐富，尤其是在鹹淡水的河口環境，魚類較喜愛在鹽度較穩定的深水溝出沒，漁民亦較常在這些水域捕魚。這正可解釋為何兩處海豚最密集的地方 —— 龍鼓洲及大澳一帶的水域 —— 會成為海豚熱門"蒲點"，因為這兩處分別位處大嶼山水域兩條水深超過 20 米的重要水道 —— 龍鼓水道及大濠水道。

　　除了深水溝外，一些研究員估計，海豚在追捕獵物時，海床的斜坡會為牠們製造一個阻擋獵物逃走的天然屏障。而且水流經過島嶼（如雞翼角）及陸地角咀（如分流、爛角咀）時，往往會產生一些漩渦（Vortex）。當海豚的獵物被困於漩渦之中時，海豚們便可大快朵頤了！

　　除了較喜愛流連覓食的地方外，我們亦發現中華白海豚傾向特意避開一些水域。例如，我們很少在后海灣的淺灘、機場及東涌一帶的人工海岸線、屯門對開的船隻停泊區發現海豚蹤影。而且近年在機場對開污泥傾瀉坑的海豚出現率，亦遠較早年大幅下降。看來，中華白海豚都頗有性格，一些明明有覓食機會之地偏偏不去，這可能反映了這些不受海豚青睞的地點存在的問題。

大澳是海豚其中一個愛去的熱點。

"豚"口普查

要保護香港的中華白海豚，我們在研究初期已訂下一個目標：要獲得可靠數據以評估中華白海豚在香港水域的數量。這個目標説來容易，但為海豚進行"豚"口普查其實是漫長而艱辛的工作。海豚長期在水底活動，生活範圍又廣闊，能準確估計牠們在某一水域的數量一直是鯨豚研究一個最重要的課題。

跟人類的人口普查相似，海豚的數量估計也是採用一種採樣（Sampling）的方法，即是從整個海豚族羣中抽取一定的樣本，從而推算海豚的整體數量。

在全球進行的鯨豚研究中，要估計鯨魚及海豚的數量主要有兩種方法：一種是透過相片辨認及利用標記重捕法（Mark-recapture）的分析；而另外一種是採用樣條線調查方法（Line-transect survey method）。過去十多年在香港中華白海豚研究所採用的就是後者。

在香港 1200 多平方公里的水域內，我們共劃分了 12 個研究區，在每一區再劃上一些既定的航線（即樣條線）。

我的研究隊伍每星期花上數天，就會在這些航線上來回航行並搜集數據。在正式搜索時，兩位研究員在研究船上層不停在船頭方向的水域找尋海豚蹤影，並記下有用的數據，包括時間、位置、船速、環境狀況（如海面狀況、能見度），及已航行距離。發現海豚後，會記下海豚離船頭的距離及角度。經過長年累月搜集回來的數據，稍後會經過複雜的分析，以估算海豚在每一研究區的密度及數量。

直至最近，在香港共估算出大約有少於 100 條中華白海豚，而整個珠江口種羣約有 2500 條海豚，此種羣相信是此物種在全球分佈範圍內的最大種羣。有趣的是，每年使用香港水域的海豚數量略高於樣條線統計出來的數量。譬如說，2011 年香港的海豚數目估計為 78 條，但此數目只反映在 2011 年某一天的海豚數目；但是 2011 年期間每一天都有不同的中華白海豚使用香港水域，當中有些是長年居港的"地頭蟲"，有些則是某些月份才會在香港出現，而更多海豚只會偶然才來香港。這些海豚不在香港出現時就會在廣東省水域那邊生活。在 2011 年內，單是在香港水域能辨認出的海豚已有 200 多條，相信實際數量遠多於此。

被估算出來的 78 條海豚只是每一天使用香港水域的平均數字，但此數據卻甚具參考價值，因為我們可以根據每年的統計數字觀察在香港水域的海豚數目變化，而此趨勢分析更是長期監察中華白海豚的最重要指標。

　　不幸地，我們的最新研究發現，香港海豚在 2001 至 2012 年間數量持續下降。在香港三個海豚主要出沒的水域，中華白海豚的數量由 2003 年高峰期的 158 條，下降至 2012 年的 61 條，短短十年間已減少超過一半，而且此下降趨勢在三個調查中均十分顯著。究竟是整個珠江口種羣也出現同樣的下降趨勢，還是多了海豚離開香港水域而使用境外水域，至今仍不得而知，但是情況已令我們相當擔憂。

海豚的一雙電眼

對海豚來説，聽覺是最重要的感覺器官，而牠們都會利用聲音與同伴溝通及偵察水底環境。但這不是説海豚不會利用眼睛觀察周圍。

根據文獻記載，除了一些近乎失去視覺的淡水河豚，一般鯨魚和海豚的視力都蠻不錯，能在水面和水底觀察周遭環境。專家估計，鯨豚的視覺世界應只有黑與白，但暫時還未有足夠資料解開此謎團。

中華白海豚 "舉頭窺探" 的行為。

在進化過程中，生活在混濁的淡水河豚的眼睛十分細小，並多已不能靠視力偵察周圍環境；但同樣生活在混濁河口的中華白海豚，卻有大大的黑眼睛。

在海上遇上中華白海豚時，有時會發現牠們一種名為 "舉頭窺探"（Spy-hopping）的行為，即海豚將身體垂直地露出至胸鰭位置，再垂直地降至水中，情況就像在遊戲中心玩"扑傻瓜"遊戲一樣趣怪。鯨豚專家相信，這種行為有助牠們探出水面觀察周圍環境。中華白海豚長年生活在珠江河口的混濁水中，舉頭窺探行為或許能協助牠們尋找位處較遠的友伴。

中華白海豚的眼睛十分有靈性。牠們有時會特意游到船邊，瞪着眼睛與我們有眼神接觸，而我真覺得像被牠們 "電暈" 了。我相信不單我們對海豚有無限興趣及遐想，這些極高智慧的動物亦對觀察牠們的人類深感興趣。

一些在香港常見的海豚朋友已與我們建立了友誼，這些好友對我們特別友善，甚至樂意帶幼豚游到我們的船旁（一般來說帶着幼豚的母豚較為防範船隻），好像在教導幼豚認識人類。我有時也會惦記這些好友，尤其是一些剛誕下幼豚的母豚，或是在颱風下牠們的安危。這些海中的朋友又會否惦記我們這些人類朋友呢？

豚聲音波功

　　海豚大多利用聲音來互相溝通及探索水底世界。在進化過程中，這些海上哺乳類動物為適應海中生活，慢慢地發展出一種"超能力"，連各國技術精湛的海軍亦爭相研究及應用。這種"超能力"跟蝙蝠的聲納系統相似，名為"回聲定位"（Echolocation）。

回聲定位原理

　　海豚回聲定位系統，是透過其不斷發出聲波，而當聲波碰上物件時（如獵物、天敵、障礙物等），會回彈至海豚本身並被牠們的聽覺系統接收，然後傳送至大腦進行分析，以偵測周遭的環境狀況，或獵物的距離、方向及大小。這種發出聲音再接收回音的過程，就像我們在山洞大叫，再聽到自己的回音一樣。

　　在進化過程中，海豚的耳朵已慢慢演化成眼睛後方的一個小孔。海豚主要接收聲音的器官，則是位處下顎附近、鼻腔內的一個複雜組織，這個組織透過海豚頭部前方充滿脂肪的隆額，將四方的聲音收集及聚焦，再經神經系統傳送至腦袋進行分析。中華白海豚就是依賴這個複雜而精密的系統，在香港嘈雜的水底環境生活，不單用以尋找獵物及和同伴溝通，也要逃避水底噪音的滋擾，確保自身安全。

連串的卡嗒聲

　　我們最新的研究發現，中華白海豚跟其他小型鯨豚一樣，主要利用高頻率聲波以發聲及聆聽。除了高於我們聽覺系統可接收的超高頻（Ultrasonic）聲音外，人類耳朵可聽到中華白海豚所發出的聲音主要有兩種：包括連串而極快速的卡嗒聲（Click trains）及口哨聲（Whistles）。Click trains就是當海豚遇上獵物時，發出的那連珠發炮式的卡嗒聲（Clicks），這些連串的聲波，可協助海豚辨別前方獵物的方向及大小，即以上提及的回聲定位。當海豚愈接近獵物或障礙物時，這些 click trains 的發出次數愈頻密，因為這個導航系統正嘗試聚焦於一個目標，情況就像一部相機的變焦鏡正嘗試聚焦在目標拍攝物件並將其放大。當海豚接近研究船旁放下的水聽器（Hydrophone）時，我們常聽到震耳的嗡嗡聲（Buzzing sound），像蚊子在我們耳邊飛舞時所發出的聲音。其實發出 click trains 的中華白海豚很可能正在好奇地檢查我們的水聽器。

連串而極快速的卡嗒聲

當海豚利用回聲定位覓食時，會發出連串快速的卡嗒聲，以鎖定獵物位置及距離；這些卡嗒聲大多為極高頻率的聲波。

口哨聲

當海豚互相溝通時，會發出如鳥兒唱歌般清脆的口哨聲，這些聲音十分複雜及多變，例如香港的中華白海豚暫時已被確認會發出27種不同的口哨聲。海豚專家更認為每一條海豚均會發出其獨一無二的口哨聲，以協助其他海豚辨認自己的身份。

海豚吹口哨

　　另一種常聽到的海豚口哨聲音，就像鳥兒所發出的清脆歌聲，是非常動聽及挺可愛的！口哨聲音通常有旋律及多變化，專家相信海豚利用這些口哨聲來互相溝通及聯繫感情，情況就如好友見面時互相問好及談論近況。更有研究發現，每條海豚都可能擁有一種自己獨有的 signature whistle。這種獨特的口哨聲可讓海豚辨別各自的身份，通常在海豚幼兒初期已發展出來，讓母豚及幼豚能有緊密聯繫，因為幼豚極需依賴母豚的保護及乳汁哺育才得以存活。

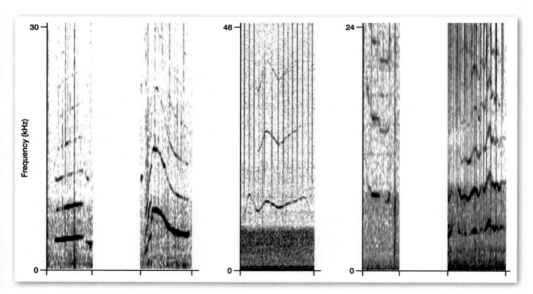

數種不同的海豚口哨聲音。

海豚及鯨魚所發出的天籟之音，反映出這種動物的高等智慧。鯨豚專家普遍認為海豚擁有複雜語言系統，亦推斷牠們應像人類一樣有文化承傳。事實上，海豚聲音之複雜程度亦令研究員大惑不解，甚至有研究員窮一生精力嘗試破解聲音的密碼。

美國太空總署一個探索宇宙任務中，曾將地球上不同民族的語言錄在聲帶上，期望當外星人發現此聲帶時能認識地球人，而此聲帶也錄有鯨魚的歌聲，證明專家看待鯨豚聲音就像人類的語言般有意思。

海底噪音的影響

中華白海豚常發出聲音以作導航及尋找獵物，但有時卻會默言不語，靜聽四週環境及物件發出的聲音。事實上，中華白海豚最喜愛覓食的魚類 —— 石首科魚類（Croakers），均會發出像青蛙低頻率的低沉叫聲。所以中華白海豚在尋找這些獵物時，並不一定要開動回聲定位系統，而只需透過魚類自身發出的聲音便可辨別牠們的位置。不過，當水底環境愈來愈嘈雜時，海豚尋找獵物的能力，無論是靠主動回聲定位、還是被動聆聽獵物發出的聲音，都將會大打折扣。

石首科魚類

屬熱帶、亞熱帶沿岸肉食性魚類，在產卵時會集體游向淺水區，而幼魚常成羣聚集在河口內；珠江河口一帶可找到的石首科魚類包括黃花魚、獅子頭等，均屬中華白海豚較喜愛的獵物。

在短短一年多的水底監察研究中，我們發現中華白海豚在大嶼山一帶的水底環境，正承受着不同程度的噪音滋擾。例如在南大嶼山、近分流水域繁忙高速船航道所錄得的整體噪音，便遠高於其他海豚生態環境的噪音水平。此水域曾是海豚活躍出沒的地點，近年遇見海豚的機會率卻大幅下降。相信中華白海豚除了要逃避高速船撞擊外，水底噪音亦迫使牠們放棄這個理想覓食地。

搵食艱難

　　中華白海豚會透過聲音協助覓食，那牠們最愛吃甚麼食物呢？要研究海豚的覓食習性，研究員除了日常在海上觀察牠們口中叼着哪種魚類外，還會取走擱淺海豚屍體的胃部，檢查內裏的食物渣滓，以找出牠們曾捕獲的獵物。在海豚胃內大部分的食物其實已被消化，但是魚類的內耳石（Otolith）卻會殘存於胃內，而每種魚類內耳石的形狀都是獨一無二，因而可讓鯨豚研究員清楚辨認海豚曾進食的魚類品種。

海豚愛吃甚麼魚？

　　根據早年一項研究，香港的中華白海豚捕獵至少 24 種魚類，其中最重要的為石首魚科的魚類，如獅子魚、黃花魚及鹹魚等；其次為鯹魚、白帶魚、烏頭魚、沙甸魚、九肚魚和黃腳鱲等魚類亦是牠們的主要獵物。這些魚類均是在生產力豐富的河口環境生活的底棲魚類，與中華白海豚在香港西面水域的分佈情況十分吻合。奇怪的是，中華白海豚大多只對魚類有興趣，甚少覓食頭足類獵物（江豚則喜愛覓食魷魚、烏賊等）。雖然江豚與中華白海豚所覓食的魚類有重疊，但江豚多在較深及清澈的水域捕捉頭足類獵

內耳石

內耳石的形態大小各異，因此鯨豚研究員可根據擱淺鯨豚胃內餘下的內耳石，了解牠們的覓食習性。

頭足類

主要包括各種烏賊、魷魚及章魚等軟體動物。

物，這解釋了為何江豚多在香港東面及南面水域出沒，卻從來不會涉足中華白海豚的"地盤"——珠江河口。

爭奪漏網之魚

香港的中華白海豚除了利用回聲定位系統尋找獵物外，亦會跟隨拖網漁船（包括單拖、雙拖、繆繒、蝦拖等）後方覓食。由於拖網漁船的漁網積聚較多魚獲，並在拖挖海床時翻起不少底棲魚類，中華白海豚因此便省卻氣力，在漁網附近享受一頓豐富快餐。中華白海豚早已習慣拖網漁船的運作，於是在這些漁船作業時，老遠的海豚聽到漁船發出的聲響，便會迅速改變方向快速游向漁船後方覓食。除了拖網漁船外，我們亦多次發現海豚在漁民水中放置的定刺網、圍罟漁網附近覓食，與漁民爭奪魚獲。

海豚在漁網附近覓食，雖然輕易換來一頓飽餐，但卻暗藏殺機！若偶一不慎，牠們隨時被漁網纏着，最終窒息而死。過去亦曾偶有中華白海豚被漁網纏死，但可能牠們早已習慣漁船的作業模式，這些情況也不常發生，反而江豚卻常死於流刺網之中。另外，由於拖網漁船不斷蹂躪海床，中華白海豚及江豚賴以生存的魚類資源也備受威脅。

當人類常嘆搵食艱難，中華白海豚又何嘗不是面對同

單拖、雙拖、繆繒、蝦拖

香港常見的幾種拖網漁船，由於作業時都不加以選擇地捕捉特定的目標魚獲，因此往往會產生誤捕非目標魚獲的情況，包括鯨豚動物，對海洋生態造成極大傷害。

海豚搵食艱難，常要跟隨拖網漁船後方覓食。

一苦況？機動化的拖網漁船近數十年在珠江河口已將魚類一網打盡，過往漁民網網千斤的神話不再，香港漁業資源枯竭亦早成事實。捕獵同一些魚類的中華白海豚亦不能獨善其身，雖不至骨瘦嶙峋，但從間接的觀察亦可得知牠們難以有兩餐溫飽。

食物不足以糊口

　　雖然沒有漁業資源充裕時的數據作相比，但我們發覺香港的中華白海豚每天都花上大量時間覓食，反而花在社交、遊戲的時間卻愈來愈少。牠們基本上日以繼夜地覓食，有數次在晚上碰到牠們，仍是處於十分活躍的狀態，絲毫沒有任何休息行為。最近一項 24 小時水底聲音監察的研究發現，海豚在午夜過後還在努力覓食，直至天亮，不眠不休。這可能反映牠們的食物資源嚴重不足，甚至可能影響牠們的生存。

　　可幸香港政府於 2013 年已實施全面禁止拖網漁船在香港水域作業，拖網漁船絕跡後，魚類賴以維生的海床將得以休養生息，海豚便不需再日夜不停地覓食了。

與海豚的精彩相遇

曾與中華白海豚在海中相遇數千次，雖然牠們大部分時間游上水面時都是匆匆數秒，但偶然亦會遇上一些精彩萬分的場面，令我看得目瞪口呆！

花式水中跳躍

除了平常上水呼吸外，中華白海豚最常見的行為便是躍身擊浪（Breaching）。不要小看此簡單動作，試想想若人類在水中游動時要往水面躍起，實需巨大爆炸力才能抵得住水的阻力。海豚擁有強而有力的尾巴，所以能在水面一躍而上，並做出各種翻騰的動作。

海豚做出各樣花式跳躍，當然不是供我們觀賞娛樂，其實是另有原因的。當海豚由空中撞擊水面時，除了濺起大量水花外，更有一些小魚羣被嚇得跳出水面！原來當海豚在水面追捕魚羣時，牠們會不斷躍起繼而讓身體大力拍打水面，將水面的小魚嚇暈，讓海豚們更易捕捉獵物。另一個說法是，由於海豚身上依附着寄生物，令牠們感到痕癢，所以牠們會不停將身體撞擊水面，以紓緩癢處。當然，牠們有些時候跳躍純粹只是嬉戲遊玩，沒甚麼理由。

出海時，偶然會看到海豚做出花式跳躍。

身上的牙齒印

　　海豚更會進行精彩的社交行為，加深彼此的聯繫，甚至進行交配，繁衍下一代。進行社交活動時，海豚們會摟作一團，你追我逐，水花四濺，時而會反轉身體，時而會用嘴咬對方，並即興來一個翻騰，激戰時甚至露出水面尖叫。請不要誤會，以為海豚互相咬對方是打架行為，事實上，牠們是利用牙齒在對方身上留下痕跡，就像我們用手為對方搔癢一樣，是一種親暱行為。在海豚身上發現牙齒印，正代表牠們最近曾與同伴玩得興高采烈！

　　另外，一些少年海豚特別喜愛在研究船邊玩耍。牠們有時在船邊出現，瞪大眼睛看我們，繼而游到船底，再突然由船的另一邊出現，像要跟我們玩捉迷藏。我曾見過海豚在船邊磨擦身體，甚至興奮得在船邊排泄！我們估計海豚在船邊玩耍，除了對我們有絕對信任外，亦可能是牠們利用船隻的引擎聲，作為在茫茫大海中社交活動的中心點，覺得在研究船附近的範圍可放心遊玩。

　　在十多年的研究生涯中，海豚不斷地為我製造驚喜。例如一些大船經過時，海豚們會貪玩地乘着翻起的大浪，像滑浪高手般乘浪高速滑行！牠們還有時玩弄獵物，有一次發現海豚將一條類似門鱔的魚不斷拋向空中，但始終也沒有吞吃該魚；另一次則發現一羣海豚不斷將一條奄奄一息的大魚托上水面把玩，繼而互相搶奪。相信在水平線以下，這些聰明絕頂的海洋生物會作出一些更令人難以置信的行為。

"豚"際關係

要深入了解海豚這些高等智慧動物的生存狀況,必須認識牠們的社羣結構,及彼此之間的關係,進而評估各種威脅對牠們所帶來的危機。

鬆散的社羣結構

相片辨認的工作正好讓我們認識個別中華白海豚的生活細節,包括牠們之間的交往聯繫。一般人以為海豚這種高智慧動物,定必生活在穩定的家族,正如殺人鯨的家族關係均是源遠流長,但這並不能套用於中華白海豚身上。

像其他近岸鯨豚品種(如瓶鼻海豚),中華白海豚的社羣結構極其鬆散,海豚與海豚之間的聯繫甚少,即是說,兩條海豚生活在一起的時間甚短,甚至在一天裏,也會不斷轉換同伴。這種鬆散的社羣結構稱之為 "Fission-Fusion Society",一些靈長類動物如黑猩猩的社會也會有類此情況。因為獵物分佈較為分散,所以這些動物羣體一般較細小,像中華白海豚大多三五成羣,甚至會單獨出現。但當食物較為聚集而豐富時,這些分頭覓食的小組便會合組成較大的羣體。

Fission-Fusion Society(裂變—聚變社會)

主要是用以形容靈長類動物及一些近岸鯨類動物的社羣結構,即其羣體的大小及組成會隨着時間及身處環境而不斷改變,如社交時聚在一起,但覓食卻分頭行事,因此社羣結構極為鬆散且充滿動態。

中華白海豚大多喜愛三五成羣出沒。

海豚 "裙腳仔"

雖説社羣結構鬆散，但海豚們還有一定程度的組織。根據我們長期的觀察，幼豚自出娘胎後，便與母豚一起緊密地生活，因為海豚是哺乳類動物，幼兒必須在首數個月依賴母乳成長，在這段時間必須緊貼母豚。當牠們漸漸長大，母豚會將覓食、求生等技能傳授幼豚，在這段時間幼豚還是會跟母豚在一起生活。

一般幼豚只會在頭一、兩年跟隨母豚生活，之後便分道揚鑣。但香港的中華白海豚寶寶卻會與母豚長時間生活，平均長達三、四年之久。最誇張的例子，莫過於上文提及的海豚母子 NL18 和 NL259：自 2000 年 NL259 出生後，兩母子差不多緊密地生活了逾八年。另一例子是母子 NL202 和 NL286：自 NL286 於 2006 年出生後，至今仍與母親一起生活了超過七年之久。這些長時間的聯繫在近岸生活的海豚中很少見，依我推測可能是因為本地海豚的繁殖能力低，所以母親不需急於撇下兒子再懷孕生子；另一可能是香港水域危機四伏，長時間聯繫有助保障幼豚平安成長。

兩大海豚幫

此外，近年我們專注另一項較複雜及精細的社羣結構分析，發現在香港生活的中華白海豚可分為兩個主要社交組羣（social cluster）。一個主要在大嶼山北面生活、活躍於龍鼓洲及大小磨刀洲一帶水域；另一個則在大嶼山西面出沒、活躍於大澳至分流一帶水域。

這兩個組羣，雖不至水火不容，但牠們各自與自己的社交組羣一起生活，甚少與對方成員有聯繫。唯一兩組羣相遇的地方，是位處機場西面至大澳一帶的水域，而且大多是北面的組羣成員向南游至此重疊水域，與西面的組羣成員相遇。北面的組羣成員往往會帶同幼豚到此水域覓食，所以這裏保育價值甚高。不幸港珠澳大橋的香港接線工程，將會穿越此兩組羣生活範圍的重疊處，令我們擔心會否令兩組羣交往減少，造成生態環境割裂問題，並對在香港水域活動的中華白海豚的基因遺傳多樣性造成影響。除了大橋工程，機管局建議進行的大型填海工程，亦正處於大嶼山北面組羣向南移的路線，如工程上馬，對兩個組羣的影響會更大。

海豚獨行俠

不得不提常見到一些孤伶伶的海豚，獨個兒四處闖蕩江湖，甚少與其他海豚一起生活。牠們有些會在組羣出沒範圍的邊陲位置生活，有些甚至遠走高飛，游到一些意想不到的地方！除了第一章提及的"小三"外，還有在大嶼山東北面生活的EL01（見第 39 頁相片），看其身驅便知牠身經百戰，因為背部至面部有多處已復原的傷痕。另一條老態龍鍾、全身滿佈皺紋的SL07，只會孤獨地在大嶼山西面及南面水域出沒，甚至曾在海豚絕跡的長洲、石鼓洲一帶水域出現。另一條年老的海豚NL60（見第 11 頁相片），雖被螺旋槳在背部留下創傷，仍能堅強活下來，其蹤跡遍佈整個珠江口，甚至北至虎門，但最終卻在 2012 年 3 月游進珠江支流、近佛山南海的河流"尋死"，最後被轉移至珠江口保護區復康中心，過了約 10 個月後最終不幸離世。

要數最傳奇的獨行俠，卻非 CH65 莫屬！自首次在大陸水域出現後，在 2001 年牠竟獨個兒於西貢白沙灣的避風塘內被發現，更在這片"異地"生活了一年之久，隨後卻消失得無影無蹤。當我們以為牠已遭逢不測之際，牠卻靜悄悄游回大嶼山及珠江口一帶生活。此海豚朋友會否像人類一般，忽然想架起背囊到遠處流浪一番？

第二節

生老病死

海豚幼稚園

香港的中華白海豚生活艱難，整體數字持續下降，所以每次誕下的生力軍均備受矚目。

中華白海豚被譽為"海中大熊貓"，除了因為牠們數量少而顯得格外珍貴外，更因為牠們並非"好生養"之輩，母豚每隔數年才誕下一胎，一生中亦只能有數次機會為珠江口種羣繼後香燈。根據長期的相片辨認分析，我們驚覺一些已認識十多年的雌性海豚，大部分只曾成功誕下一至兩條海豚寶寶，而且很多在出生不久後便夭折，出生率低加上面對眾多威脅，令我們擔憂牠們的數目會否持續下降。

交配任務

傳宗接代的重要任務由交配一刻開始。由於香港西面水域混濁，我們仍未能觀察海豚在水底交配的過程。根據世界各地對海豚行為的觀察，當牠們經過求偶行為後，雌雄海豚交配時肚皮會貼着肚皮，在電光火石之間完成任務。雄性海豚的角色就此終結，而雌性海豚便獨自承擔懷胎及養育幼豚的責任，所以海豚的世界是屬於母系社會，雄性海豚只提供精子成孕，雌雄海豚亦不是一夫一妻制。

海豚的繁殖期高峰處於 4 月至 8 月期間，但由於一年四季也有海豚寶寶誕生，所以不太清楚會否有季節性的發情期。至於海豚的生育年齡，雌性海豚約在 9、10 歲開始便可交配產子，而雄性海豚到了 12 至 14 歲左右亦開始性成熟及進行交配。

交配完成後，母豚隨之懷胎約 11 個月，於翌年誕下海豚寶寶。懷孕期間母豚的體型沒有明顯的變化，雖然海豚出生時已達一米長，並在長約兩米半的母體內佔據相當位置，但海豚自有其方法"慳位"── 海豚寶寶未出娘胎時已捲成 U 字形，頭部與尾巴對摺。所以，當海豚出生後，捲曲的身體變為筆直，身上便出現一行行的"胎摺"，我們一眼便可認出。隨着牠慢慢長大，海豚寶寶的脂肪層漸厚，肥脹的身形會令胎摺漸漸消失。

熱鬧迎新派對

我們雖未曾見證中華白海豚出生的一刻，但卻曾近距離觀察海豚們為剛出生的海豚慶祝的熱鬧場面！每次海豚出生，母豚及一些海豚長輩會不停圍在海豚寶寶附近團團轉，甚至躍出水面表達興奮之情；而海豚寶寶則努力練習如何上水呼吸，母豚亦會上前協助，用長長的吻部將海豚寶寶托上水面，甚至會反過身來將寶寶托在肚皮上，讓牠稍作休息。溫馨的場面令人感動！

　　迎新派對後，母豚便展開漫長的育兒生涯。雖然海豚沒有特定的孕育場所，但仍較常見到海豚母子在某些地方出現，如沙洲及龍鼓洲海岸公園、大澳對開水域，以至整個大嶼山以西水域，儼如"海豚幼稚園"，提供優良環境讓海豚成長。由於母豚每天要攝取大量熱能，以餵哺高脂肪的母乳，牠們必須位處食物資源較充裕的地方。而且，海豚寶寶出生後必須與母豚維持緊密聯繫，在聲音上與母豚不停溝通，所以必須在較寧靜的水域生活。以上提及的水域正符合這些要求。

伴離世幼豚

　　由於生活環境危機處處，香港的中華白海豚幼豚夭折率頗高。最令我們傷感的，不單是發現幼豚屍體，而是一次又一次目擊母豚"伴屍"的行為（Epimeletic behaviour）。此種行為在一些高智慧動物身上也會偶爾發現。

　　像人類一樣，母豚可能未能即時接受失去幼豚的現實，而將幼豚的屍體不斷托出水面，像要弄醒牠似的。就算豚屍開始腐爛，母豚仍然不離不棄。我們曾嘗試打撈這些幼豚屍體作研究用途，但發覺母豚開始作出不耐煩的動作，如不斷用尾鰭拍打水面，我們因不想刺激母豚最終放棄打撈。

此外，由於母豚必須緊貼着幼豚屍體，在伴屍過程中母豚便不能覓食，對牠們本身的健康亦構成風險。我們便曾見過海豚好友 CH34 伴屍超過一星期，最後無奈放棄，否則自己也面對死亡威脅。這種令人動容的行為，充分展現中華白海豚極高的智慧本質。

海豚出生後，捲曲的身體隨即拉直，身上會出現 "胎摺"，長大後會慢慢褪去。

色彩斑斕的一生

在芸芸 80 多種鯨豚品種中，中華白海豚最矚目之處當屬牠們的身體顏色。此品種的本地名稱"中華白海豚"其實頗為誤導，因為牠們只有去世後才是白色的。近年愈來愈多人乾脆稱牠們為粉紅海豚，甚至曾有海豚專家戲稱牠們為"bubblegum"海豚，因為牠們的身體顏色實在太似吹泡糖了！由於牠們顏色奇特，與泥黃色的河口環境水域映照時顯得格外分明，研究員能在海中輕易察覺牠們，所以早期科學家都稱牠們為"Beginner's dolphin"，意指連初入門認識海豚的人，也能輕易發現牠們的蹤跡。

有趣的是，位處地球不同角落的鯨豚品種中，只有中華白海豚的身體顏色是如此鮮艷奪目。與牠們的身體顏色較為接近的亞馬遜河豚（Boto），灰色身體上亦只混着少許粉紅色。

身體顏色隨年齡改變

事實上，中華白海豚的身體顏色會隨着年紀不斷變化。剛出生的幼豚呈深灰色，肚皮是白白的，這亦跟其他海豚品種（如瓶鼻海豚、斑點海豚）的初生幼豚無異。當

亞馬遜河豚

為其中一種淡水鯨類，生活在南美洲亞馬遜河流域，因其頸椎骨並沒有結合在一起，所以頸部可靈活地 180 度彎曲而迅速改變游泳方向；其體色亦是灰色略帶點粉紅色，因此常與中華白海豚混淆。

斑點海豚

分為大西洋斑點海豚和熱帶斑點海豚，後者曾在香港出現過。其主要特徵為身體上出現的斑點，會隨着年齡慢慢增多，而不同地區的種羣在斑點密度上存在很大的差異。

幼豚漸漸長大，深灰色的身體顏色開始變淡，到少年時期，身體更開始滿佈密麻麻的黑色斑點，身體顏色亦開始呈現點點粉紅，尤其在背鰭部分。這些斑點會隨年齡慢慢褪去，同時粉紅的身體顏色會愈見明顯。到了成年時，大部分中華白海豚全身都變成粉紅色，只在頭部留下一些斑點。在過去一段頗長的時間，我們可根據牠們的身體顏色以區分海豚的年齡階段，但近年我們開始在區分上發覺一些出人意表的情況。

在數年前，根據擱淺海豚屍體顏色及其年齡的鑒別，我們已開始懷疑雄性海豚比雌性海豚的斑點褪得較慢，所以一些滿身斑點的海豚並不一定處於少年階段，也可能是成年個體。再者，從長年累月的相片辨認研究發現，為數不少的海豚自十多年前起仍是滿佈斑點，雖早已成年，但卻不曾有產子記錄，令我們深信這些大多是雄性海豚。數年前，我們開始跟蹤數條自出母胎後便可辨認出的海豚（包括前文曾提及的 NL259 及 NL286），以密切監察牠們身體顏色的變化，有助破解以上謎團。

為何白海豚是粉紅色的？

　　至今研究員仍未能弄清，為何只有中華白海豚才獨具如此鮮艷的粉紅色。最奇怪是，亦只有生活在華南沿岸的種羣才會有如此的身體顏色變化，其他地方卻是截然不同。例如生活在南非、中東一帶及澳洲北部的種羣，牠們的身體顏色只會由深灰色變至淺灰色；在東南亞地區如馬來西亞、泰國等地的種羣，身上亦只有一點粉紅色，不會如華南沿岸種羣般整個身軀呈粉紅色。我認為，華南沿岸的中華白海豚由於長期生活在混濁的河口環境，故並不需要天然的保護色以逃避天敵。反之，在南非及澳洲生活的種羣，因常有機會被鯊魚襲擊，其深灰色的身體顏色令牠們較難被天敵察覺。

　　中華白海豚呈粉紅色，亦與其散熱系統有關。海豚是恆溫動物，在水中長期生活會導致體溫流失，所以其皮膚下有一層厚約數厘米的脂肪層以作保暖，就像我們穿上厚厚的大褸禦寒一樣。但當牠們活躍游動時，身體產生的過量熱能必須透過皮下血管膨脹而釋放到表皮外，當皮膚充血時，白海豚就呈白裏透紅，即粉紅色的身體顏色。情況就如肌膚雪白的女士，運動過後臉頰變得通紅一樣。

相信女士們恨不得像中華白海豚一樣，到年紀漸長時，反而變得愈雪白愈漂亮，身體上的斑點亦愈老愈少！

成年的中華白海豚全身呈粉紅色。

海豚的年齡秘密

　　中華白海豚被喻為"海上大熊貓"，除了因為繁殖能力較低外，牠們的壽命一般亦較長，一般可達 40 歲（香港曾被鑑別的海豚屍體最高年歲為 38 歲）。研究員究竟用甚麼法寶解開海豚年齡的秘密呢？

牙齒年輪

　　當海豚擱淺死亡後，我們會從牠的下顎取出數顆牙齒保存起來，並隨之郵寄到美國專門為鯨豚牙齒鑑別年齡的實驗室進行化驗。研究員首先將牙齒放在溶液內以去除鈣質，再利用一把鋒利無比的鑽石刀，將牙齒切成小片，將切片冷凍後，再利用另一部切片機切出幾塊透明薄膜，經過染色後固定在顯微鏡上觀察。

從海豚牙齒的年輪數目，可估計海豚的年齡。

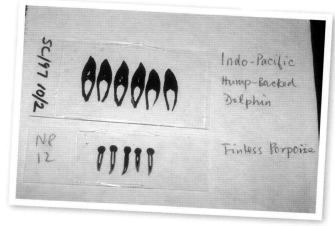

從這些牙齒橫切面，便可發覺海豚牙齒裏原來有一層層"年輪"，就像一般樹幹橫切面擁有的一環環年輪。研究確認，海豚牙齒每一層的年輪代表牠們活了一週年，所以只要細心數算牙齒的年輪數目，便可得知海豚的實際年齡。

存活年齡高

成長曲線

描述海豚隨着年齡增加而體長所出現的變化。一般鯨豚動物首一、兩年的成長十分急速，到了少年階段開始變得緩慢，至成年時體長只有些微增長。

自搜集香港擱淺中華白海豚的數據以來，我們已鑑別數十個樣本，發現除了剛出生不久便夭折的幼豚外，大部分中華白海豚死亡時都已是十多二十歲，有些更活到 20 至 30 歲，只有小部分能活過 30 歲。我們亦透過其年齡狀況，為本地中華白海豚繪畫出一條成長曲線（Growth curve），以了解其成長過程，及繁殖下一代的時間。

在過去我們一直認為香港的中華白海豚因承受眾多生活壓力，大多不能到年老才自然死亡，甚至是"英年早逝"，但我們亦察覺到擱淺海豚數據不足，因為這些都可能是健康出現了問題的個體，所以年齡可能出現偏低的誤導性。

可幸我們已累積了個別海豚在香港水域的出沒狀況，可以從相片辨認的分析，由另一角度了解牠們的生活習性及生命史，以填補擱淺海豚數據的不足。根據長期追蹤個別海豚的研究發現，很多經常出沒本港水域的海豚，大多已年屆 20 歲或以上，有些更達 30 多甚至 40 歲以上，其存活情況可能比想像中理想。

了解這些長壽海豚真的十分有意思，因為想到牠和我一起經歷過 30 多年的故事，牠的"豚生"相信亦與我的"人生"同樣精彩。再者，看到海豚好友誕下麟兒，更為自己增添一份使命感，要努力守護牠們的家園，令這些幼豚能快高長大及健康成長。

危機四伏的生存環境

在過去十多年，一個問題總在我的腦海揮之不去：究竟在香港生活的中華白海豚，每一天的生活怎樣艱難？請嘗試閉上眼睛，以第一身想想今天將會面對以下事情：

— 你所需要的食物嚴重短缺，要整天到處找尋零碎食物充飢

— 你身邊的環境受到嚴重污染，不論是吸入的空氣，還是吃進肚裏的食物，也含有不同的污染物，令身體經常出現毛病

— 你的視力不太好，要依賴聲音辨別方向；但不幸的是，身邊充斥建築工程的噪音，令你長期受到滋擾，身心備受沉重壓力

— 你想在一個食物較多的地方飽嚐一餐，但有很多車輛不斷在你身處的地方經過，你要不停左閃右避才能進食

— 你想休息時，不斷有陌生人在你身邊叫囂，騷擾你和家人

— 在你僅存的生活空間裏，有人在未得你同意下，在你周圍傾倒泥頭，興建高樓大廈，並讓工程車在你附近穿梭，你可安處的地方愈來愈少

我想，這些險象環生的情況只會在你的惡夢中出現，但這些卻是每天在香港生活的中華白海豚確實面對的情況。

食物短缺

每當我帶一些外國朋友觀賞中華白海豚，他們無不讚嘆牠們"堅忍"。海豚生活的環境滿佈眾多大小漁船，過度捕魚之外，拖網漁船更不斷蹂躪海床，加上沿岸的大量工程，令孕育魚類的天然優美海灣買少見少，致使海豚的食物短缺，令生存機會大打折扣。而海豚更會被漁具纏住，因而窒息而死。

海洋污染

此外，海水污染問題亦困擾着香港的中華白海豚。由於牠們喜愛生活的河口環境位處香港西面的水域，這邊的沿岸發展及人類活動尤其繁重。來自住宅生活污水、珠三

海上的挖泥工程影響海豚生存環境。

角沿岸工業區排出的工業污水等，均令海豚的食物受到污染。由於海豚是食物鏈中的最高消費者，牠們身上積存的污染物濃度頗高，會嚴重影響其免疫系統及生殖能力。

海上交通

海天碼頭

位處機場東北面的一個過境客運碼頭，於 2003 年開始運作，主要應付來自珠三角及澳門的旅客，乘坐高速渡輪往返香港國際機場，無需再辦理香港入境手續，便可直接進入機場管制區域登機。

香港西面幾條主要的海上航道，亦與海豚的重要生存環境重疊，例如大嶼山北面的龍鼓水道、南大嶼山的一條高速船航道，及大嶼山以西的大濠水道，每天便有數之不盡的船隻，包括大型貨輪、飛翔船、工程船、漁船、遊艇、快艇、水警輪等來往穿梭，令牠們飽受被船隻撞擊的威脅，我們在海豚身上便經常發現被割傷的痕跡。而且，海豚依賴聲音導航，海上交通愈趨繁忙，牠們對水底噪音也開始吃不消了。我們近年的研究發現，自 2003 年機場旁的海天碼頭運作以來，其新開闢的高速船航線與北大嶼山整體海豚數量明顯下降有極大關連，情況令人擔憂。

海上交通愈趨繁忙，造成嚴重的水底噪音問題。

　　除了路經海豚生存環境的船隻以外，更有不負責任的觀豚船隻，例如大澳的部分觀光小艇，經常高速駛向海豚羣，甚至有數隻小艇同時包圍牠們，對牠們所造成的噪音滋擾，令大澳一帶的海豚出現率持續下降。

沿岸工程

　　另外，一些沿岸工程對海豚也帶來額外的威脅。大量填海已令海豚的生活空間大大減少，再加上持續的疏浚工程，令水質不斷惡化，還有一些海事工程如打樁建橋，亦會製造大量海底噪音。中華白海豚在 90 年代經歷了翻天覆地的赤鱲角新機場基建發展，早已元氣大傷，近年亦面臨另一波基建發展潮，包括港珠澳大橋，及正進行環評的機場第三條跑道大型填海工程等。牠們到底還能否抵得住這些沿岸發展工程所帶來的沉重壓力？

沿岸的填海工程縮窄了海豚的生存空間。
（圖為竹篙灣大型填海工程。）

第三章

緣繫深海

第一節

海，在心中

沒有海的童年

在生態保育專家行列中，我算是個異類。雖然未有正式統計，但我所認識投身於動物研究及保育的朋友，大多在年幼時已經上山下海，或在田野間與飛禽走獸捉迷藏。但作為海豚專家及環境保育工作者的我，少年時代可說得上與大自然，及現在深愛的海洋絕緣。

小時候，我不是在家中勤習琴藝，便是在教會的聚會中度過，與大自然的接觸少之又少。回憶中，只記得曾與家人到郊野公園燒烤、與朋友去過兩次露營、一次出海釣魚及數次到泳灘暢泳的模糊片段。相信我的家人、朋友，甚至我自己，都很難相信像我這樣的呆小子，有朝一日竟然踏上一條精彩無比的人生道路，為海洋保育工作鞠躬盡瘁。

童年時很少機會接觸大海，所以多年前那次跟爸爸出海仍有深刻的回憶。

雖然如此，但我對大自然的好奇心，卻由觀賞電視台播放的生態紀錄片而孕育起來。不知在甚麼時候，我開始定時收看《變變變生命力》系列的生態紀錄片。這些精彩萬分的自然生態片段，為我打開一扇門，帶我遨遊世界，認識大自然裏千奇百怪的事物。走進自然界中的大觀園，我不能自已地被迷倒，尤其是有關海洋生物的紀錄片。雖然我對海洋的親身接觸甚少，但海豚、鯨魚、鯊魚等這些有趣生物實在深深吸引着我。現在回想起來，或者造物主已在我心坎裏播下探索海洋的種子，透過紀錄片讓我這個陸地上的呆小子，能時刻嚮往海洋的神秘國度。

　　除了生態紀錄片外，我也十分喜歡《大白鯊》的電影系列。當年播放此電影時，一般人都會被鯊魚嚇怕，不敢再到泳灘暢泳，但我的反應卻截然不同。《大白鯊》電影啟發了我對海洋的敬畏之心，更因為"食人鯊"的關係，驅使我有好奇心探索水平線底下的神秘國度。此外，在電影中飾演海洋生物學家的李察・德雷福斯（Richard Dreyfuss）那種欺山莫欺水、尊敬海洋生物的態度，更令我深深仰慕，無意間促使我踏上當海洋生物學家之路。

　　一位朋友曾經向我說，正因為我對海洋着迷卻又與海隔絕，令我少年時對海洋的鍾愛一直被壓抑着，當遇上機會便會澎湃地釋放出來，就像一座沉睡的火山發揮出驚人的爆炸力。亦因如此，雖然我的童年沒有海，但卻沒有一點遺憾的感覺。

跨洋過海立大志

　　我在求學階段時最愉快的日子，要算是在中華基督教會銘基書院度過的年日。銘基書院給予我的，除了同儕友誼外，更讓我遇上何國沛老師。他是一位很優秀的生物科老師，令我不自覺地愛上生物這一科，孕育我對生物的興趣。何老師教學十分生動鬼馬，千方百計地引起同學們對學科的興趣，亦帶領我們漫遊生物界中不同的領域。在他的啟發下，我早已傾情於生物科，所以當我到美國留學時，便毫不猶豫根據喜好選上此"冷門"學科。

　　美國大學是我成為生物學家的重要培訓基地。我就讀的波音特洛瑪拿撒勒大學（Point Loma Nazarene University）位於加州聖迭哥（San Diego）。聖迭哥是美國西岸最重要的海洋生物研究基地，而這裏的學府亦集合了一些國際頂尖的海洋生物學家。在那裏我正式踏上研究海洋生物

到美國升讀大學，選了冷門的生物學，不料竟成了終身事業。

之路，而我一直壓抑着對海洋生物的興趣與潛力，最終被一個科目引發出來！

　　究竟甚麼科目有如此大的威力？當我轉讀這所大學時，便發現了剛新開設的海洋動物學科（Marine Zoology），令我眼前一亮！報讀後才發現這是我人生中最重要的一個課程，當中概括地介紹魚類、海鳥、鯨豚、海獅、海牛等，全都是兒時觀看紀錄片令我着迷的主角，當然課堂上教授的知識更為深入及全面。除了課堂和實地考察外，我的"胃口"亦愈來愈大，經常流連大學圖書館借閱有關海洋生物，尤其是鯨魚和海豚的書籍，這種自學的態度，亦全賴美國教育制度的薰陶。

　　在美國留學多年，除了書本知識外，令我畢生受用的便是認識及實踐應有的學習態度。首先，美國大學主張通識教育，除主修的生物科外，我更要報讀一些本科以外的學科，令我大大擴闊眼界，也更懂得從多角度思考，這對我將來的保育工作甚有幫助，讓我能與不同界別的陌生人打開話匣子。另外，美國人對友儕的開放態度、易於相處及不會斤斤計較的特點，令我可放心主動跟他們學習和交流，令我獲益良多。而且，美國大學制度極具彈性，學生在選科方面有很大自由度，單單在生物科內亦可接觸到不同的範疇，這對我將來的研究工作十分有用。現在回想起來，不難明白為何歐美國家在科研成就上鶴立雞羣，我想跟這些國家的濃厚學術風氣不無關係！

不單如此，我在美國留學時得到的最重要禮物，就是學懂獨立思考，令我這個曾在香港接受 "填鴨式" 教育的小子，竟也敢於在課堂裏發問，勇於批評及不斷求真。由於對鯨豚動物求知慾的爆發，我的自學精神被激發起來，常走到其他大學的圖書館瘋狂借閱工具書及學術文章，以求豐富自己的知識。記得當友人到處遊玩或在宿舍裏無所事事時，我卻常常流連圖書館及到鄰近的海洋世界（Sea World）觀賞活生生的鯨豚，這種瘋狂程度實在連我自己也感到詫異！

拜師學藝路崎嶇

在大學三年級修讀海洋生物科後，直覺告訴我，此學術領域應該是我未來的一個重要發展方向，我亦開始計劃於這領域再深造。而教導海洋生物科的哈爾·高科博士（Dr. Hal Goforth，我人生的第二位恩師）建議我先爭取一些與海洋生物學相關的實習經驗，這對將來求職或報讀碩士課程都會十分有幫助。

我聽了教授的意見，便嘗試尋找合適的實習機會，目標當然是與鯨豚動物有關的研究機會。但此刻問題來了，我發現絕大部分的實習不單沒有津貼，更要自付高昂的費用，原來這些美其名的"職業實習"，骨子裏都是一種要付錢的另類上課模式。

這件事令我猛然醒覺，研究鯨豚的路將是極之艱難崎嶇！原來在美國希望修讀海洋生物科的學生非常多，當中希望研究鯨豚動物的學生更是不計其數，導致實習機會一席難求。而且一些主理鯨豚研究項目專家得到的研究資金也是捉襟見肘，所以要透過為有興趣的學生提供實習機會以賺取經費，補助及延續這些鯨豚研究工作。他們也會在這些學生羣中"揀卒"作將來的碩士生及博士生。

　　由於我不想加重家人的財政負擔，所以便退而求其次，經教授的介紹下在當地一間環境顧問公司進行實習，換來的竟是一份極度沉悶的苦差。我的工作地點位於聖迭戈一個海灣旁，參與的是當地一個移植海草的保育項目。其中一些潛水員在長有海草的海灣摘下海草，經我們一班工作人員整理妥當後，再送往另一個沒有海草的海灣種植。而所謂的"整理"，只不過是將雜亂的海草去除垃圾，然後綑成一束束，工作既刻板又苦悶。我開始懷疑：這實習機會到底會為我的將來帶來甚麼？當看見其他沒有任何專業知識的同工也和我從事同一工作，我更胡思亂想，認為自己只是在做免費勞工。不過，最後我也勉強熬過整個暑假的實習。

　　我在升讀碩士前，亦積極地尋找另一份實習工作，以裝備自己。這次的實習較接近動物保育方面，就是在聖迭哥動物園附屬的瀕危物種研究所內，從事研究動物繁殖學的實驗室工作。作為一個實習生，除了一些打雜工作外，我更有機會接觸一些被人工圈養的瀕危物種和牠們的樣本，包括被解剖後的動物生殖器官和採集的精液，以研究增加動物的繁殖機會。

實驗室的主管巴巴拉‧杜蘭特博士（Dr. Barbara Durrant）
對我很友善。當她知道我對鯨豚動物有特別濃厚的興趣
時，便主動替我聯絡美國海軍在聖迭哥的瓶鼻海豚訓練基
地，將抽取的海豚精液讓我加以研究。當時我想，如果
能研究及改善人工繁殖的技術，讓瓶鼻海豚的繁殖更為成
功，便可把技術推展至應用於一些瀕危的野生鯨豚物種身
上，例如長江的白鱀豚等。這份實習工作令我與鯨豚研究
拉上點點關係，而我對將來的路也開始躊躇滿志！

曲折的入行經歷

經歷了兩次實習的機會後，我在大學畢業前便開始籌算報讀碩士課程。在生物學系的壁報板上，貼滿了遍佈美國國內林林總總與生物科有關的碩士課程，而我的目光都放在一些提供海洋生物學科課程的學府上。之後，各樣課程的推介資料如雪飄來至宿舍的信箱，我花了數個月整理資料，並定下我的"目標對象"。這些對象正是美國各地學府的指導教授，他們都是世界知名的鯨豚研究專家，而報讀由他們領導的碩士課程有一條"潛規則"，就是需要先跟他們取得聯絡，並得他們同意，跟隨他們作鯨豚研究工作才有入讀機會。於是，為了作事前準備，我每個週末都流連海洋研究院的圖書館，發瘋似的尋找這些教授撰寫的學術文章，讓我在發信給他們作申請前，能先掌握他們各人的專長項目。

不料當我寄發這些精心設計的"叩門信"後，結果卻處處碰壁，心情真的跌至谷底。較有心的教授會發出一封公式的回信，告知沒有收取研究生的空檔；有些更是石沉大海，音訊全無！但幸運地，一位在聖迭哥的學者給我回信，說明雖然不能給我提供研究的機會，卻願意與我交談。我當然欣然地應約。

到後來，我才驚覺這名長滿鬍子的慈祥學者，原來是鯨豚界一位享負盛名的教父威廉・培林博士（Dr. William Perrin），他在 20 世紀六、七十年代已投身海豚研究工作，由於地位超然，我做夢也沒想到他竟願意抽空與我這個黃毛小子交談。可能因為我是中國人，他甫坐下來，便娓娓道來他在中國長江參與瀕危白鱀豚的保育工作，又告訴我他在中國工作時的一些慘痛經歷，甚至勸導我不要回中國人的地方進行鯨豚研究工作。我聽罷感到愕然，卻仍告訴他我希望有朝一日能返回自己的出生地作一點貢獻。他拿我沒法，於是徐徐地從文件抽屜中取出一份資料，正是香港"海洋公園鯨豚保護基金"的會訊，並希望介紹我給一位正在香港研究鯨豚的美籍學者認識，看看這位朋友能否提供研究機會，讓我能參與其中。

這次難忘的短聚，為我敞開一扇大門，讓我真正踏上這個鯨豚研究之旅。直至現在，我仍然十分感激這位鯨豚教父的提攜；往後的日子，我更常在一些鯨豚研究會議上碰到他，不知不覺跟這位德高望重的前輩成為同僚！

按這位鯨豚教父的指示，我馬上跟那位香港鯨豚專家解斐生博士（Dr. Thomas Jefferson）聯絡。當時他在香港進行中華白海豚研究已一年多，當他得悉我是香港人時，便邀請我盡快到香港跟他實習，我亦立刻答允。

初邂逅中華白海豚

1997 年，我從美國回港跟隨解斐生博士實習，雖然感到興奮及期待，但還是不敢抱太大期望。現在回想起來，其實是次體驗之旅，更像是工作面試，讓我的未來僱主判斷我是否適合當上鯨豚研究員。

在鯨豚研究的實習過程中，每一樣事物對我來說都是新奇及有趣的。而令我印象最深刻的，當然是第一次出海與中華白海豚的初次接觸！我還記得當研究船隻由維多利亞港駛出時，我的外籍同事 Isabel 在途中與同行友人談到香港海水污染的問題。她說有一次出海途經維港，一位同行的外國人不幸被海水濺入眼睛，眼睛後來受感染，更要入院治療。當時我想，香港海域既繁忙又受污染，竟然還有野生海豚存在，實在令人難以置信！

當船隻駛過青馬大橋後，忽然在靠近陰澳（現稱欣澳）的水域，有研究員大叫"海豚呀！海豚呀！"我向遠處一望，一條粉紅色的海豚從水中躍出，再返回水面，繼而濺起大量水花。事隔多年，當時的情景仍歷歷在目，深印在我腦海中。當然，後來我也曾與海豚在海中有數千次相遇的經歷，但是第一次的感覺還是最令人難忘的！

初次處理鯨豚擱淺的經歷也令我印象難忘。記得實習期間，同事們已叮囑我需要隨時候命，當有市民報告海豚擱淺時，我們便要第一時間到達現場進行解剖工作。有一天，我被急召到將軍澳警署，處理一條剛從清水灣海面打撈回來的海豚屍體。當時警察將屍體放在一個膠桶內，我們一打開蓋便嗅到陣陣濃烈的腥臭味，是來自一條年幼的江豚屍體。由於其屍身已開始腐爛，我們一行人只進行了一些簡單的解剖及取樣本，便為這條可憐的江豚"打包"。這次解剖海豚的經歷，為我將來處理 200 多條鯨豚擱淺屍體的工作拉開序幕。

初次處理鯨豚擱淺，我們準備解剖一條江豚屍體。

在兩個月的實習中，我還學到研究海豚的一些基本方法，包括船上調查、直升機調查、陸上觀察、相片辨認、處理擱淺鯨豚等，令我獲益良多，更讓我深刻明白研究海豚是怎麼一回事。最重要是令我對保育工作有更貼身的體會。海豚保育工作從來都不單是研究員埋首學術研究工作便能成事，而是要透過鯨豚專家跟不同政府部門、保育團體、傳媒、教育工作者，及市民的互動才能產生一些效果；而研究員之間的團隊合

我與早年的鯨豚研究工作團隊（最左面那位是我的恩師 Dr. Thomas Jefferson）。

作亦不可或缺。正因如此，我體認到這份工作的機遇及極高的挑戰性，深感現實世界並不如書上所學的，並不是空有知識和熱誠便可以解決所有保育問題。現在我參與了十多年的鯨豚研究及保育工作，看到的人與事更多，這種感覺更是有增無減。

在實習期間令我最意想不到的，竟是實習給我換來了一紙聘書。實習約一個月後，解斐生博士突然問我，有沒有興趣回香港全職從事鯨豚研究工作。我對他突如其來的邀請既驚且喜，腦海空白一片，良久也不能給出答案。後來我才知道，他在香港很難找到合適的研究助理。但我考慮到自己才剛讀碩士一年班，又要準備第二年的研究論文，所以不太肯定可否全時間回港工作。想不到他已為我細心安排，告之可等待我完成第一年課程，在暑假期間才回港當他的研究助理，並為我想好了一項研究課題作碩士論文題目，讓我既可全時間工作，亦可在空餘時間進行碩士研究工作及寫論文。既然他已為我鋪好一條"入行"的康莊大道，我應感激也來不及，而且半工讀又可減輕家人的財政負擔，所以最後欣然接受了博士的邀請，在 1998 年夏天展開了全職鯨豚研究的工作。

頂硬上完成操刀

　　回想過去 15 年的鯨豚研究生涯，當中的精彩情節實非筆墨可形容。而外人雖然看我的事業像一帆風順，但實是背負着不足為外人道的壓力。

　　全職鯨豚研究工作開始後，我這個黃毛小子便身負重任，因為我的老闆解斐生博士在我回港後，便會大部分時間留在美國"遙控"香港的研究工作。他每隔數月便回港指導我們工作，但因為沒有一個上司常在身旁教導，我常有"摸着石頭過河"的感覺。譬如，當開始全職工作不久，我便要處理一條成年中華白海豚的擱淺事件。作為新丁的我，只有數次從旁觀察解剖的經驗，我卻要勉為其難擔當"操刀手"，更有漁護署的官員到場視察，我還要在工作完畢後回應記者的提問。在高難度的挑戰下，我只好盡最大的努力，硬着頭皮完成任務。

　　在多次"頂硬上"的場合中，我不斷挑戰自己的極限。

第一次主力操刀解剖海豚屍體，經驗畢生難忘。

從另一個角度來看，鯨豚研究及保育工作彷彿就是我的人生舞台，讓我有機會發揮所長，展示隱藏的潛能。對於剛在社會打滾的年輕人，實在是求之不得的機遇。上司及同儕對我的信任及期望，成為我快速成長的動力。在開首的短短幾年，我攀上了一條極為陡斜的學習曲線，我在短時間內所得到的經驗，比同行的年輕人多出數倍。我猜想我在香港工作一年的經歷，可能抵得上我在美國數年甚至十年所學到的。所以，我每天都懷着感恩的心迎接每個挑戰。

首五年的工作生涯確實多姿多彩，我除了恆常出海、坐直升機觀察中華白海豚及江豚外，更要在陸上觀察點研究江豚的行為習性。而為了處理擱淺的海豚，我更需走到極偏遠的地方。在海豚教育的崗位上，我則走訪不同學校出席演講。除此之外，我亦負責帶領不同的團體和人士出海觀賞海豚，而這些活動可以糅合生態旅遊與研究海豚的工作。此外，我也獲邀到香港以外的地方，參與鯨豚研究工作，親身體會其他地方（尤其是中國大陸）在鯨豚保育及研究工作的種種差異。參與國際性的鯨豚會議，亦讓我走進鯨豚研究世界的大觀園，參考經驗，廣結朋友，聯繫合作夥伴。不同範疇的工作讓我的生活精彩萬分，令我完全浸淫在夢寐以求的工作環境中。

當打雜海豚博士

在研究鯨豚的旅途上，攻讀博士學位的日子極為艱辛。在這段時間，我的腦海常常浮起一連串問題：博士是否只是虛名？博士的身份對保育海豚有沒有幫助？

我的好友再三叮囑，拿了博士學位後我便會領略當中的有用之處，於是我在半信半疑下儘管一試。當時由於我的研究工作剛上軌道，所以我得以半工讀的狀況完成博士學位，這是很罕見的例子，因為根據大部分教授的經驗，半工讀學生很多都是"爛尾"收場。

在博士研究的初期，我不斷探索應研究的課題。我的研究方向以實用為主，一些對保育工作沒太大幫助的研究項目均未能提起我的興趣。最後，我選擇了研究中華白海豚的棲息地運用，希望透過此研究為海豚訂立應受保護的水域，並為環評工作帶來一些重要的基礎。事實上，我當初的構思在近年亦慢慢地得到實踐，令我感受到當初攻讀博士學位的決定沒有做錯。

博士學位對我來說，並不是身份的象徵，而是有用的工具，它助我發揮在鯨豚研究領域上的影響力，也令同儕更認同我的工作。而更重要的是，博士名銜大大地鞭策我除了在保育工作實務上要盡忠職守外，亦要在學術領域上有更多的貢獻。我同時明白到，成功保育不可缺少優秀的學術研究支持。

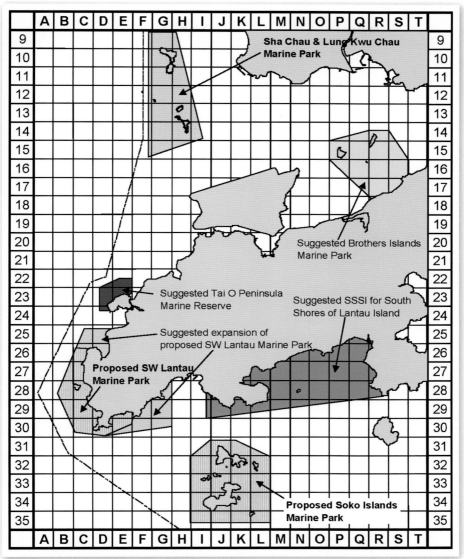

我透過研究，建議應為香港海豚訂立的保護水域分佈圖。

第二節

海，在生活中

工作與生活的模糊界線

自從投入鯨豚研究及保育工作後，我工作與生活之間的界線漸漸變得模糊起來，因為我的腦袋無時無刻不充斥着有關海豚的事。每天起床便會提醒自己今天要做甚麼與海豚有關的事情。若當天要出海進行研究，心情便會愉快一點，因為可以暫且放下繁重的工作重擔，全情投入與海豚歡聚的時光。

回到陸地，排山倒海的工作卻令我忙得不可開交！由於要同時處理鯨豚研究工作、香港海豚保育學會的教育工作及香港自然探索學會的出版工作，所以我必須充分把握時間。而身為"自由工作者"，我的優勢是可以完全掌控工作上的安排，並跟隨自己的狀態彈性地調節工作，這不是朝九晚五的工作能做到的。

雖然工作與生活融合會帶來好處，但我往往因為太投入工作，會帶來一些負面影響。較為誇張的是，我在夢中也會想着如何研究及保護海豚，完完全全地進入"朝思暮想"狀態。當工作壓力大時，我試過夢見被困的白海豚，希望助牠們脫離險境；或遇到多番阻撓我們保育工作的"惡勢力人士"（請不要追問我是誰），不斷地追趕着我，醒過來時我已是渾身冷汗。此外，在工作極度繁忙緊張的日子，更會經常在清晨時分便起床，整天便唯有拖着疲倦的身軀工作，無奈萬分。

我為工作鞠躬盡瘁，並切實地活出理想、為海豚發聲、衝鋒陷陣，所作出的犧牲，相比起從這份工作得到的滿足感，實在是微不足道！

我們這一家"海豚癡"

認識我的海豚工作的朋友，對我這個"海豚家庭"應不會感到太陌生。

成立香港鯨豚研究計劃初時，我與太太已經在工作上並肩作戰。我倆大部分時間都在一起工作，所以無人比她更了解我的工作及每天發生的事。

面對工作的挑戰，太太的支持及協助是我最強的後盾。我們無時無刻不在討論鯨豚保育的問題，她的"另類思維"亦讓我腦震盪一番，讓我有更多意見作為參考。自從海豚保育學會成立以來，她更擔當重要的角色，在文字工作方面發揮她的專長。在人工馴養海豚的問題上，太太比我更為專注，甚至請纓四出搜集相關資料，編寫有關的教育小冊子。

一家三口都愛護海豚。

在 2007 年 6 月，我們的"海豚家庭"增添了一條海豚小寶

寶 —— 曦曦。兒子出生後，我的工作方式也改變了，我轉
到家中工作，全心全意跟太太作一對全職父母，讓兒子時
刻有爸媽在身旁照料。

作為鯨豚專家的兒子，曦曦卻不算對海洋生物特別着
迷，我和太太亦沒有刻意教導他鯨豚知識。但是，他跟我
出海工作時對白海豚的出現確實有很靈敏的觸覺，其方向
感亦出奇地好（朋友戲稱他為 "地圖王"，因他小小年紀已
熟讀香港地圖集）；再加上耳濡目染，多聽了爸媽的對話，
對海豚的保育議題也耳熟能詳，如港珠澳大橋、機場第三
條跑道等，更能模仿爸爸向親朋戚友講述自己的觀點。其
實，我絕不是要小兒繼承衣缽，只希望他將來無論從事哪
種行業，都能有保護大自然的使命感，明白自己作為地球
好管家的天職。

在教育兒子的五年多裏，我體會到薪火相傳的使命。
在兒子出生後，我更加倍提醒自己要堅守信念，不能愧對
下一代。相信小兒長大成人後，我能自豪地跟他說："爸
爸已盡最大努力保護香港的海豚及海洋，問心無愧了，牠
們的未來就靠你啦！"

以海為家的歲月

　　海上的時光總是最美好的。無論是尋找海豚蹤影、細賞海天一色或是天空雲兒的萬千變化，一切都教我如癡如醉。海的"表情"變化多端，當中的海浪圖案與聲音、水流的變化、隨着日出日落的光影、船隻航行，和魚羣在水面活動所泛起的漣漪波紋等，都令我看得入神。

　　在香港進行鯨豚研究，一般都是早上上船出海、黃昏回岸，偶爾也會在晚間尋找海豚蹤影。晚間的海洋沒有日間的船隻頻繁來往，烏煙瘴氣的沿岸發展變得模糊，在輕晃的船上沉思、觀看城市上空難得一見的皎潔明月和星星，是一件賞心樂事。晚上在海中心，迎面的海風令人感到清爽輕鬆，即使睡在堅硬的甲板亦不會難以入睡。曙光初露的情景更不容錯過，看着海豚在平靜的海上悠然自得，映襯着紅紅的太陽緩緩上升，那種情景一輩子也忘不了！

　　當然，在海上生活也不全是寫意自在。我們一般會在良好天氣下出海，並時刻留意最新的天氣狀況。但天有不測之風雲，如遇上惡劣天氣，作為鯨豚研究工作者，是不能繼續工作，而需要留在船上發呆，或提早打道回府。此外，如果在寒冷警告的天氣下出海，便要迎着凜冽的北風尋找海豚，耳朵和鼻子也會凍僵，更要穿上厚重的衣物，因為在海上的溫度一般比城市陸上還要再低幾度。

海上教人吃不消的，還有日漸惡化的混濁空氣。城市裏的高樓大廈擋住了我們的視野，所以我們並不察覺空氣污染的嚴重性。但在海上便容易觀察空氣污染的問題了。

在天朗氣清的日子，我們於海上可由大嶼山遠眺伶仃洋對岸的澳門及珠海；但在煙霞籠罩的日子，能見度卻大幅下降，形成強烈的對比。在過去十多年裏，我見證着空氣污染問題持續惡化，在嚴重的情況下，除了能見度下降

研究鯨豚需於船上逗留，常是早上出海直至黃昏。

外，連喉嚨也變得乾涸發癢，更會自覺呼吸困難。

　　經濟急速發展導致電力需求大增、路邊車輛增多、沿岸的"屏風樓"比目皆是，但換來的卻是沉重的健康代價。難道有一天我要戴上口罩才能出海尋找海豚？再看看海中的海豚，跟我們呼吸同一口空氣，牠們面對空氣污染問題還可獨善其身嗎？吸進的污染物會否令牠們的健康問題雪上加霜？這些都值得我們深思。

　　以海為家的我，當回到陸上工作時，雖然遠離海豚，但心裏仍時刻惦記着牠們。尤其颱風到臨時，特別記掛剛誕下小寶寶的海豚媽媽們，擔心牠們能否找到平靜的海域暫避，或會否在狂風大作下失散。人雖在陸地，但心仍不期然留在海中。

海豚保育，對人不對豚

　　當我們鍥而不捨為海豚的將來努力時，牠們會否知道我們所付出的一切呢？雖然我們的保育對象是海豚，但想深一層，人類才是我們要改變的對象。無論我們如何努力保護海豚及其棲身地，相信牠們也毫不知情；相反，當我們肆意破壞牠們身處的環境時，海豚們便能貼身感受得到。我們作為保育工作者，要改變的反而是人類的思想及行為，為海豚及我們的下一代謀求福祉。所以，與其說我們的工作是保護海豚，不如說是一種針對人的工作來得更貼切。

　　要改變香港人的思維、價值觀及行為，從一開始便是一項極其艱巨的挑戰。要認識海豚的生物常識不難，要了解牠們面對的威脅也不難，最困難的就是感染普羅大眾，令他們明白保育海豚的重要性。不單如此，還要令他們坐言起行，為海豚保育工作出一分力，甚至犧牲既得利益，例如大幅減少填海及基建工程、少用污染環境的電子及塑膠產品，這更是難上加難。

　　環境教育是一種吃力不討好的工作，我為此投放不少心血，不停在香港社會各階層不斷"深耕"。我活像一個傳道者，周遊香港各處主講講座及籌辦課程，以學生及公眾人士為對象。題目亦由單一講解香港海豚的生活習性，慢慢加入不同的元素，甚至探討深入的議題，例如人工馴養海豚會否扭曲我們對海豚的觀念、中華白海豚在香港有否生存權利等，讓參與者不單接收知識，更能從中反思我們與海豚共存的艱難。

辦生態旅遊活動的領悟

為了令更多人親身感受本地海豚的丰采，及每天要面對的人為威脅，我們舉辦了多次觀賞海豚之旅。在籌辦生態旅遊的過程中，我體會到香港人對生態旅遊的誤解。

最深刻要算是在 2003 年"沙士"肆虐香港時，市民為了到郊外呼吸新鮮空氣，"港式生態旅遊"因而大行其道。每逢週末，大嶼山水域便出現 20 多艘船隻在尋找中華白海豚。而近年，大澳也出現新興的觀豚活動，10 多艘"嘩啦嘩啦"的機動小艇接載着乘客觀賞白海豚。由於觀賞時間不多於 30 分鐘、收費低廉，所以該項"生態旅遊"活動深受遊客歡迎。

不幸的是，這些濫竽充數的觀豚活動，不單未能教育參與者有關海豚保育的資訊，更甚是作出不負責任的行為，如高速駛向海豚、數艘船隻包圍同一羣海豚等，對牠們造成極嚴重的滋擾。

　　根據我們多年來的陸上觀察，發覺中華白海豚被船隻包圍時，會改變游泳速度及潛泳模式，減少上水的頻率及時間，以躲避船隻。早年於大澳水域經常發現海豚母子，但當小艇頻密出現後，牠們便很少在此水域一帶活動。這亦體會到不負責任的觀豚活動對海豚帶來的負面影響。

以機動小船觀豚會對海豚造成滋擾。

我對觀豚活動的看法是不要因噎廢食，反而希望市民大眾明白，觀賞野生海豚是一件美好的事，重點在於要嚴格遵守我們與政府共同訂立的觀豚守則，將影響海豚的因素減至最少，不會因看牠變成害牠，才能持久達到生態旅遊的目標。

　　事實上，我們舉辦觀豚活動的目的，除了讓參加者觀賞海豚的動人外貌、教育保護海豚的訊息外，更會把握機會搜集重要的科研數據，以了解海豚的最新狀況，並將賺取的微薄收入資助海豚學會的教育研究工作。其實，香港亦存在着一些質素良好、可持續發展的觀豚活動公司，只要消費者細心選擇、多考慮觀豚活動公司的質素，的確能讓這些公司有更好的生存條件，同為海豚保育工作出一分力。

　　保育海豚的工作，不能單靠幾位研究員便能成事。教育大眾有關海豚面臨的困境，讓更多人支持保護牠們的工作，才能為海豚和香港海洋謀求最好福祉。

傳媒 —— 保育工作的戰友

在海豚的保育工作上，我接觸得最多的可算是記者朋友。我的前上司解斐生博士對傳媒感到十分困惑，甚至認為他們斷章取義、報憂不報喜，這可能跟文化差異及語言溝通障礙等問題有關。我對香港傳媒的看法卻跟他南轅北轍。我相信傳媒是十分重要的保育夥伴，因為透過他們在香港各階層的廣泛覆蓋，比我們經講座、觀豚活動接觸市民來得更直接、更有效。

扑咪

扑咪為記者的一種術語，意指記者拿着咪高峰與被訪者進行非正式訪問。

在短短十多年間，我已有無數次領略香港傳媒威力的機會。印象最深刻的一次，要算是 2009 年 3 月座頭鯨到訪香江時所引來的全城哄動！何解？因為每天出海尋找鯨蹤後，總有幾十個記者在碼頭等候我們上岸"扑咪"，現場儼如一個流動記者會。回到辦公室後，我更要一邊整理相片及錄像交給傳媒朋友，一邊回應他們如雪飄來的數十個來電，一談便是五、六小時，手電更曾試過同時接到四名記者等候談話的記錄呢！

不單如此，在座頭鯨到訪的第二個晚上，我還接到電視台新聞主播方健儀小姐的電話，力邀我在晚間新聞時段報導鯨魚到訪的最新情況。坐在新聞直播室主播位置身旁的我，知道要在過百萬觀眾前解釋座頭鯨的情況及生物常識，不禁緊張得直冒冷汗！

經過多年來的實戰經驗，我發覺對待傳媒朋友的要訣，就是要將心比己，盡量滿足對方的需要，多走兩步讓他們有充足的資料向上司"交功課"。在傳媒打滾一段時間的記者，大都能明辨是非黑白，當我們全心全意作海豚保育工作時，他們會很容易被我們的熱誠打動，更樂意推波助瀾，協助我們傳遞正確的訊息。當然，作為被訪者的我亦明白自己的責任，就是要客觀持平、毫不掩飾地清楚表達重點，這樣彼此才能維持長期的良好合作關係。

記者不單是我工作上的合作夥伴，更是我的良師益友。即或間中都會遇到不太專業的傳媒工作者而令人氣結，但他們大部分都十分支持我們的工作，有些更會成為好友，在談論新聞故事後便閒話家常，順便交流對保育問題的一些看法。而最令我欣慰的，就是當接受了一些很精彩的訪問後，重看報導時卻竟然反過來讓我更深入認識自己，發現自己常忽略的一些潛在意識，這亦能幫助我整理工作上的方向及思緒。

具爭議的環評工作

　　香港水域危機四伏，中華白海豚及江豚選擇在香港生活已屬難能可貴。牠們每天不但要面對人為的各種威脅，沿岸的基建發展更令牠們的生活透不過氣。雖說保育與發展應該平衡而非對立，應該透過環評等機制來協調，但當面對人類無窮無盡的貪婪及慾望，面對發展至上的觀念時，一些擬建的海上工程對香港鯨豚來說便更顯得咄咄逼人，要平衡發展與保育談何容易？

　　近年來，香港市民對"環評"（《環境影響評估條例》）兩字應該不會感到陌生。但有少數人士曾亂扣帽子，認為只是多加限制窒礙香港的經濟發展。作為保育工作者，我認同環評制度本身的價值，並積極參與其中。事實上，在香港任何牽涉海洋環境的工程（維港內的工程例外），中華白海豚和江豚差不多必定是環評工作的其中一個焦點。近年數個極具爭議性的工程，如港珠澳大橋、石鼓洲附近興建焚化爐、大鴉洲的液化天然氣接收站、離岸風力發電場、機場第三條跑道等，均位處香港鯨豚的重要棲身地，所以我亦需要走入"熱廚房"，參與這些環評項目中有關中華白海豚及江豚的研究及評估工作。

個人並非反對所有基建工程，但當然認為基建發展不可能永無止境，始終自然環境及其中生物的承載能力相當有限。我們為香港的中華白海豚及江豚發聲，但不會堅持認為保育鯨豚比所有東西都重要，並深明必須顧及其他社會人士的訴求。作為一個鯨豚專家，我的責任是透過長期的科研數據作為基礎，客觀地點出每項工程對海豚的影響，再作一些建議以盡量減低這些影響。至於工程能否順利通過，當然還有很多不可預見的因素，這些都不能全憑客觀的討論來解決。

赤鱲角機場的"危"與"機"

基建發展確實曾對中華白海豚帶來很多災難。90 年代，赤鱲角機場的興建，正是牠們面對最嚴峻的考驗，甚至可能已令部分海豚失去家園或喪失性命。

但有"危"亦有"機"，亦正因為新機場大規模的填海工程，香港市民（包括我在內）才有機會認識中華白海豚，政府才有誘因開展中華白海豚的長期監察研究。人類從錯誤中不斷學習而進步，由當初赤鱲角新機場環評報告沒有談及中華白海豚，到現在發展成全球最深入研究中華白海豚的地方，都可算是拜新機場破壞環境的工程所賜。事實上，香港的一些動物明星及珍貴物種，如黑臉琵鷺、

大嶼山赤鱲角機場的填海工程，對海豚的生存環境帶來莫大的威脅。

黑臉琵鷺、盧氏小樹蛙、屈翅螢火蟲

均為香港的明星物種，由於數目稀少，當中更有些為香港特有品種，因而在其棲息範圍所進行的環評項目大多會引起保育爭議，成為環評工作的焦點。

盧氏小樹蛙、屈翅螢火蟲都面對類似的情況。

　　過去十多年，香港的鯨豚研究一直跟環評工作相輔相成，亦由於一些基建工程的建議，我們才有額外資源更深入研究本地鯨豚的狀況，所以可説是一個良性的循環。因沿岸發展加深我們對本地鯨豚的認識，從而能阻止一些未來破壞性較大的工程的開展。此良性互動在外國來説亦較為少見，因為鯨豚研究員一般都較為專注學術研究，而甚少參與較商業性的環評工作。

環評制度的不足

　　雖然我見證着《環評條例》自成立以來曾有改進，但這個制度確實仍有很多不足之處，有時亦令人感到十分沮喪。最引人詬病的，便是環評工作的獨立性及中立性。

　　當工程倡導者要開展一項環評項目時，可以直接"自行聘請"環境顧問公司進行環評工作。基於公眾及環保團體對環評工作過去的"往績"，便對顧問公司的環評報告存在懷疑。事實上，一些顧問公司為令環評報告得以通過，往往企圖淡化工程對環境的影響，或利用文字遊戲故弄玄虛，更曾聽聞過更改或掩飾數據等嚴重錯失。其實一些重視環保的國家，會要求工程倡議者撥出資源資助完全獨立的"民間環評"，雙軌並行的環評工作可確保得出的結果不偏不倚，更能說服大眾。

　　此外，很多環保團體及公眾人士亦曾批評政府在環評中的角色。由於環保署署長為環評報告之最後審批人，有接納或否決之大權，但署長在"塱原事件"後一改慣例，由過往熟悉環保事項的專業職級人員改為由政務官擔任，令大家質疑聽命於政府的高級政務官能否秉公辦理每一環評項目，而不是為了迎合工程倡導者，包括政府各部門提出的工程感到憂慮。早前，環保署自行提出石鼓洲附近興建

塱原事件

於 2001 年，由於九廣鐵路（現合併為港鐵）提出興建落馬洲支線，當中需以高架橋在塱原中間穿過而引發保育爭議，環保署署長亦因塱原的高生態價值而首次否決環評報告。其後，運輸局建議改以隧道方式興建塱原一段的支線，工程才得以展開。

的焚化爐設施之環評項目，此項極具爭議的工程便出現自己人審批自己人的尷尬情況，引來公眾對環評制度的獨立性多番質疑。

在參與環評工程的過程中，我還發現很多不足之處，恕未能在此有限篇幅一一細列。多年來社會已有呼聲希望進一步改革，並堵塞漏洞，包括一些環評未能覆蓋的範疇，可惜這些訴求卻未能獲得政府接納。早陣子，機管局擬興建第三條跑道所引起的爭議，便凸顯了環評條例的不足，令公眾誤以為做足法定環評就可過關，而工程對環境所帶來的破壞便可照單全收。這些不能覆蓋的範疇，包括碳排放量、空氣污染對市民健康的影響、所牽涉的社會成本及環境成本（包括海豚在內）等。

過去的日子，不少朋友及同儕曾懷疑我會否因為參與一些環評工作而為工程倡議者 "背書"，讓他們安然過關。我沒有感到委屈，因為在任何有關海豚的工作上，我也堅守兩項原則：一是以科研數據作為實事求是的基礎，因為沒有人能改變數據的中立性；二是以海豚的最大利益為取捨依歸。

我深信只要堅持此兩大原則，便能令人信服，自己亦可對得起這些海上的朋友。當然不得不承認，堅持原則從來不易。我在過去亦曾花費很大力氣與環境顧問公司周旋、角力及協商，但我總會鼓勵自己以不卑不亢、真誠的態度面對困難，相信對方雖不能認同我的看法，但至少會尊重我的專業操守。更最要的是，以嚴謹態度做好科研工作，進一步增加環評的整體認受性。

另外，社會大眾對環評的參與性亦很重要。每一位香港人都應該盡自己的公民責任，積極參與環評的諮詢。雖然政府未有盡力提高公眾對環評制度的認識，但並不代表這與我們無關；相反，及早反映環評項目對環境帶來破壞的不滿，才能減少日後的怨氣和衝突。

鯨豚伽利略

在 1997 年至 2006 年間，我除了要到不同水域尋找海豚外，更肩負另一項更具挑戰性、卻吃力不討好的任務 —— 處理於香港海岸擱淺的鯨豚屍體、找出牠們的死亡原因及搜集不同的樣本作進一步化驗。

自從美國學成歸來，我的手提電話基本上是 24 小時開着的，因它就像是一個鯨豚報告熱線。當熱心市民、泳灘救生員或水警發現疑似鯨豚屍體時，便會經漁護署第一時間通知我們到現場調查，再加上傳媒朋友或友好團體發過來的消息，基本上我和研究隊伍都是全天候處於"戒備"狀態，甚至到國外旅遊或參加會議時仍要指揮香港的擱淺調查工作，遇上重要的個案更要立即返港處理！

我常跟友人說笑，約見面我都不太肯定能否應約，因為電話一響，我的"執屍任務"便要求我放下一切趕赴現場，甚至曾因此未能出席好友的婚禮。不單如此，我在晚上亦曾接過不少"午夜兇鈴"，尤其是涉及一些特別事件，如傳媒關注的鯨豚活體擱淺事件。所以十年來我的腎上腺指標一直長踞於高水平，面對的心理壓力難以言喻。

除了精神壓力外，處理擱淺海豚時常需身赴險境，因為事故發生的地點通常位處偏僻的地方，攀山涉水不在話下，有時更要出動海岸公園船隻、水警輪或飛行服務隊的直升機才能到達。記得有兩次較驚險的經歷：一次是在2003年3月的一個下午，我們奉命到東龍島處理一條較罕見的瓶鼻海豚屍體，到達現場時卻發覺要攀下一個類似懸崖的斜坡，結果花了良久才爬到石灘，解剖完後還要將屍體"拆件"，再一袋一袋地搬上斜坡。可能工作太投入，我根本忘記當時會有摔下山的危險，完成任務後回望懸崖才抹一把冷汗。

在煎魚灣發現的偽虎鯨屍體，手中所持的是其頭骨。

另一次是要在雷暴警告下，到香港東南面鶴咀附近的海岸線尋找一條江豚屍體。我和助理首先要在前無去路的情況下，拿着冰箱滑下一條濕漉漉的泥路，再沿岩岸邊緣以嗅覺找尋屍體的氣味，在大石上攀爬並向前搜索，每一步都得小心翼翼以免摔倒。當最終在隱蔽的石隙中找到江豚屍體再作解剖後，我們卻忘記如何回程，結果唯有硬着頭皮繼續向前找出路。最後到了一個懸崖前，發現除了跳下海中游過對岸外別無他法。着急之際，同行的漁護署職員為安全起見，便召來水警救我們脫離險境！

當然不是每次都如此驚險，但因為這項特別任務，我有幸到訪香港的天涯海角，到一些聞所未聞的地方找尋鯨豚屍體的蹤跡。總結 10 年的 "執屍" 經驗，較有趣是發現香港原來有超過五個 "大浪灣"，分別位於東南及西南大嶼山、港島東、西貢東及東平洲，而且全都是鯨豚擱淺熱點。而發現海豚屍體最多的地點包括清水灣遊艇會、塘福泳灘、石澳泳灘、東平洲等地。花最多時間到達的地點，是位於沙頭角禁區內的沙頭角海岸，及赤鱲角機場禁區內的海岸線，因為進入禁區的申請手續甚為繁複。最花氣力到達的則是西貢最東面的四大良灣及大嶼山的分流東灣，因為並無車路可達，必須走數小時山路才能到達。雖然研究擱淺鯨豚是一件苦差，但工作之餘可欣賞這些偏遠地方

四大良灣

位於西貢半島東部的大浪灣當中的四個沙灘，包括西灣、東灣、大灣及鹹田灣，連同蚺蛇尖合稱為 "一尖四灣"，即香港四大奇景之一。

的優美景色，仍能讓我樂在其中。

除了面對惡劣環境外，在香港發現的鯨豚屍體，十居其九都是嚴重腐爛、臭氣沖天的，要近距離接觸這些恐怖場面，不是每個研究助理都能抵受得住。當我還作實習生時，曾從旁觀察研究員解剖一條中華白海豚的腐爛屍體，當她取了樣本後，忽然叫我嘗試"斬首"取下這條海豚的頭骨，試想像一下也會覺得噁心！但我仍硬着頭皮完成任務，沒有絲毫不安感覺，完工後還拖着一身腥臭跟其他人一起吃午飯。

另一個令我印象深刻的經歷，發生在 2000 年 4 月，當時我要到大嶼山西面的煎魚灣，處理一條已"木乃伊化"的偽虎鯨屍體。由於屍身在沙灘上已待了很久，所以解剖時的"噁心指數"直線上升！最恐怖是剖開其腹部以取樣本時，屍蟲蜂擁而出，有些更爬到我的手上！可憐我們再沒有胃口吃東西了。

很多人問我，為何處理鯨豚擱淺工作進行了 10 年，最後卻轉交漁護署處理？其實鯨豚擱淺的調查工作令我常感到身心疲憊，而且研究活生生海豚的工作有增無減，漸發覺難以同時兼顧處理鯨豚屍體的工作。過去亦曾多次因

木乃伊化

研究員會根據鯨豚屍體的腐爛情況以作不同的解剖工作。而腐爛程度最嚴重的為木乃伊化，意指屍體因長期暴露於陽光下而變得乾硬，大多不能確定其死因。

發現鯨豚屍體，而被逼在適合出海的日子放棄海豚研究工作，間接阻礙了研究進度。更重要的是，在多年研究鯨豚擱淺的個案中，對牠們的死因已有一定掌握，獲取了各式各樣的樣本以進行分析，並發表了無數的文章，因此再花時間研究鯨豚擱淺亦不能進一步協助保育工作，倒不如專心處理在海中存活的中華白海豚及江豚，集中力量進行海陸空的研究調查，協助牠們脫離困境還更有價值。

第四章

海豚的將來

人為大災難

海豚急轉彎？

　　居住在香港這大都市的人，每天也感到生活迫人，而活在香港水域的中華白海豚及江豚，除了每天要面對重重威脅外，令牠們透不過氣的，還有沿岸的基建發展。

沿岸工程的威脅

　　90 年代初，香港的中華白海豚已經歷一場波濤洶湧的發展狂潮，所指的正是在大嶼山北面興建的赤鱲角新機場。佔地 1200 公頃的機場，七成的面積是由填海造地而來，而北大嶼幹線的興建亦將大嶼山以北那迂迴曲折的海岸線拉直；再加上東涌新市鎮的填海工程、屯門內河碼頭的填海及興建、沙洲以東興建的臨時機場燃料輸送庫及管道、機場島以北海床建立有毒污泥傾瀉坑以處理大型填海所挖起的淤泥，以上種種工程都是在中華白海豚的重要生存環境中進行，對牠們的生存帶來巨大影響。

　　經歷了這場發展風暴，香港的中華白海豚亦不見得能休養生息。在過去十多年，大嶼山及新界西北沿岸還有大大小小的沿岸工程，如屯門 38 區的填海工程、數個有毒污泥傾瀉坑的挖掘及持續不斷的倒泥工程、沙洲以東的疏浚工程，及竹篙灣的大型填海工程，甚至在香港水域毗鄰的水域亦進行了大型的航道挖掘及疏浚工程。

海豚保育的勝仗

可幸在過去十數年，香港人對中華白海豚的憐愛有增無減，亦因而阻擋部分工程在牠們的生存環境上馬。譬如，政府曾考慮在大嶼山以西、大澳對開海域進行大型填海工程，以興建十號貨櫃碼頭，後來經過仔細研究及評估後（我亦參與其中），發覺對中華白海豚的影響太嚴重，才知難而退。而香港環評史上，除了落馬州支綫環評項目慘遭滑鐵盧外，另一被否決的項目就是銅鼓航道的工程；當時計劃將航道伸延至龍鼓洲以西的水域，亦因為威脅白海豚的重要生存環境，及工程必須 24 小時進行，在環評報告硬闖關下遭否決，亦為海豚保育的一場小勝利。

此外，還有中華電力曾計劃在大嶼山以南、索罟羣島的大鴉洲興建液化天然氣接收站，而引發軒然大波。事因擁有豐富海洋生物資源的索罟羣島，於早年被政府看中，擬劃作為新一批的海岸公園，但天然氣接站的興建牽涉挖泥及小型填海工程，並正位處江豚的重要生存環境。而且，工程亦牽涉一條長達三十多公里，但繞經多處中華白海豚及江豚重要生存環境的海底輸送管道。雖然工程倡議者作出多番保育承諾，但仍遭到保育團體強烈反對，參與聯署反對的市民亦不計其數。最終環評報告勉強通過，但卻因為另外一些原因被擱置。海豚們可說能暫時舒一口氣。

香港的海豚經歷了一場又一場驚心動魄的凶險場面後，是否從此可以安然無恙？當然不是。人類常常打量如何在海洋環境中，拿取用之不盡的好處。在未來十年，估計香港的海豚仍將面臨極之嚴峻的考驗。

港珠澳大橋的口岸人工島填海工程正位處海豚重要生存環境的附近。

即將上馬的工程

迫在眉睫的工程，包括已拍板興建的港珠澳大橋。此工程將會興建一條全長三十多公里、橫跨伶仃洋的大橋，亦即會在珠江口中華白海豚種羣的核心區域中穿過。在大陸水域方面，將牽涉數百支橋墩的打樁工程、在珠海及澳門對開數百公頃的填海、在香港毗鄰水域興建兩個人工島，並在兩島之間沉放一條海底隧道。在香港水域，首先在機場以東進行百多公頃的口岸人工島填海工程，進而興建香港接線的橋墩工程以連接口岸人工島至香港以西的大橋路段，最後要興建屯門至赤鱲角連接路，包括一條橫跨龍鼓水道的海底隧道，及一些高架橋段，連接口岸人工島至北大嶼山幹線。

雖然香港政府已承諾在大、小磨刀洲成立海岸公園，作為大型填海的一項補償措施，但海豚會否繼續使用該處水域仍是充滿變數。而位處中華白海豚重要生存環境鄰近的香港接線，亦會進行為期三年的打樁工程，雖然路政署接受建議利用製造較少噪音的鑽孔式打樁方法興建橋墩，但密集而長達數年的工程，必定為海豚帶來一定程度的滋擾，尤其如需在晚上進行工程，對牠們的影響更不可預料。

此外，還有眾多工程在建議中，例如機管局計劃在機場以北進行大型填海工程，興建第三條跑道，政府部門亦正研究在東涌東、東涌西、小蠔灣、龍鼓灘、欣澳等地進行填海工程，這些大型基建工程將為中華白海豚的生存添上陰霾。

經濟凌駕保育

差不多十年前，正值爭議港珠澳大橋應否興建之際，我深刻記得某集團主席的一席話。他認為香港不值得因為中華白海豚的保育問題，放棄興建港珠澳大橋，因為將損害香港及廣東省千萬人口的利益。而且海豚在工程進行時會游開，待竣工後便會回來適應新環境。換句話說，我們不應遷就海豚的生存，而放棄經濟發展的機遇，環保人士更不應〝阻住地球轉〞。此等觀念跟台灣國光石化事件，吳敦義副總統說〝海豚會轉彎〞有何分別呢？

事實上，香港一眾工程倡議者，冷待中華白海豚數目大幅下降、面臨眾多威脅的事實，仍千方百計在牠們的生存環境大興土木，他們是否持有同樣的發展至上的觀念，認為白海豚必須一次又一次容忍人類的貪婪？

填海造地——人類最大權利?

　　聽過我演講的朋友,大都知道我對填海造地持負面的看法,尤其是在海豚的生存環境裏動土。我並不是反對所有填海工程,但對於盲目填海確實痛恨萬分。地從何來?我們時常要為土地資源問題爭拗不休,而政府認為最簡單直接、最易處理社會矛盾,和最少觸碰既得利益者問題的解決方法,當然就是利用填海開拓土地。

　　但為何我們保育人士對填海分外反感,並時常反對填海造地?道理十分簡單,填海的英文為"Reclamation",意指海洋原本是屬於人類的,填海造地不過是重新奪回(Reclaim)我們應有的權利。但實情是這樣嗎?如果你覺得中華白海豚及江豚在香港水域應享有原居民基本的生存權利,受到適切保護,相信你亦不會認同。這正如你原本擁有的生存空間,亦不會容許他人貿然奪去。

救救海豚　反對填海

　　不幸的是,自香港開埠以來,填海造地像是理所當然,就連教科書也在灌輸此信息。單是中華白海豚棲身的沿岸水域,在過去數十年已先後進行了多次填海工程,包

迂迴曲折的北大嶼山天然海岸線已被填海工程弄得面目全非。

括上世紀中的屯門青山灣、青山發電廠及爛角咀發電廠，至近年赤鱲角新機場等。填海造地在未來似乎仍是開拓土地資源及興建新設施的大方向，當中無可避免觸動到中華白海豚及江豚的保育問題。

土木工程拓展署曾就 25 個填海選址展開諮詢，當中包括中華白海豚及江豚的生存環境，如北大嶼山的欣澳、小蠔灣、龍鼓灘等地。可惜當局從未有提供有關這些填海得來的珍貴土地的用途的任何資料，甚至説因為無處棄置建築廢棄物，所以用來填海是處理廢棄物的其中一個重要方法。有關當局不同部門亦將不同填海計劃分拆諮詢，令公眾產生錯覺以為單一填海問題不大，但當將所以填海及其他基建工程，再加上海豚需承受的威脅一併考慮，這些工程所引起的累積環境影響問題可是難以預計。

機場第三跑道的影響

提起填海，不得不談談機場第三條跑道填海工程。第三條跑道佔地 650 公頃，將成為香港有史以來第二大填海工程，亦是環評史上最大的填海工程。填海工程除了為海豚的生存環境帶來嚴重影響外，其引起的環境及社會問題更多不勝數。

作為工程倡議者的機管局，曾企圖將本人之海豚研究結果多番淡化，更迴避了海豚在機場以北較少出現的原因，正是機場大幅填海本身所遺留的問題。由於擬填海的範圍正與機場以北污泥坑重疊，機管局需利用一個嶄新方法，以減低其對水質的影響，但竟將此稱為保護海豚之環保措施，反而大型填海對海豚的影響卻絕口不提，或最多說會盡辦法減低影響。無論如何美化填海，填海最終亦是嚴重破壞海洋環境的一種做法，而且更是不可逆轉，必須慎重考慮是否有其他替代方案，但機管局在這方面卻是乏善足陳。

此外，第三條跑道的填海位置正處於香港三個主要海豚活躍區的交叉中心，即海豚移動的交通交滙處。根據初步資料，海豚應時常利用填海位置及附近水域，作為其移動走廊（Traveling corridor），此亦解釋了海豚密度較為低的原因。試想想，當你工作的地點與住所只相隔一條馬路，你覺得我在你的工作地點或住所遇見你的機會高一點？還是在這條馬路上與你相見的機會高一點？在這條移動走廊上你只會匆匆而過，並不代表這條通道不重要。

再者，第三條跑道的填海工程與沙洲、龍鼓洲海岸公園相隔不到一公里，其位處地點亦很可能影響海豚由龍鼓洲等熱點游到大、小磨刀洲一帶水域，即儼如廢了此水域將成立的海岸公園武功，令此因填海工程而訂立的補償措施不能發揮功效。再者，大型填海趨勢必影響漁業資源（即中華白海豚的糧食），並影響附近水流，甚至將原本已十分繁忙的龍鼓水道收窄，令海豚在航道穿梭時蒙受更大的風險。更甚者，機場的海天碼頭已導致北大嶼山海豚數目下降，如興建了第三條跑道，即意味從海天碼頭出發的高速船亦會隨之增加，間接將海豚趕離北大嶼山水域！最後，面對海豚數目下降、港珠澳大橋興建所帶來的滋擾，海豚將來仍是生死未卜，第三條跑道將帶來的累積環境影響，更是不言而喻。

這個填海工程，不單為海豚帶來嚴重災難，更造成空氣、噪音、碳排放等種種深遠問題，到底為何香港社會仍未有一番熾熱的討論？除非香港人認清問題的所在，為不懂發聲的海洋生物站出來，否則發展的巨輪便會任意從牠們的身上輾過，我們亦將一同承擔不能逆轉的後果。

海洋是個大馬桶?

在現今社會,污染已不再陌生,我們每天都要面對。對生活在香港的中華白海豚,情況同樣是苦不堪言。

以往人類曾經將海洋當作垃圾筒,肆意將不想見到的廢物、廢水,統統倒進大海中,以為海洋自有稀釋及自我淨化的能力,問題始終會自動解決。這就像用馬桶沖廁一樣,以為一沖便眼不見為乾淨。

各類污水直接排放到海洋,海豚的生存環境亦漸趨惡化。

污染物積存

不過，從海豚身上可知道，海洋污染的問題比我們想像的更為嚴重！中華白海豚在珠江河口的食物鏈中，擔當最高消費者，即透過食物鏈，將海洋污染物由最底層的微生物，慢慢一層一層的積累，到達海豚那最高層時，污染物的濃度已經被放大很多倍。更甚是所有海洋哺乳類動物都會將污染物永久地積存在皮下脂肪層內，例外的只有母豚能在哺乳時將污染物排到乳汁以餵哺幼兒。所以在壽命長達 40 年的中華白海豚身上，海洋污染物濃度甚高。

事實上，世界各地政府均以鯨豚動物身體所含的污染物濃度，作為監察海洋污染程度的其中一個重要指標。過往我們處理鯨豚擱淺時，便特意抽取其皮下脂肪、肝臟及腎臟，再化驗海豚身體所含的重金屬、有機化氯物的濃度。結果顯示，中華白海豚及江豚身上有高濃度污染物，其中重金屬如水銀、鎘，和有機化氯物如 DDT、PCB 等，均達到甚高至嚴重水平。據估計，污染物的來源，主要是來自工廠排放的污水，或農地的農藥，甚至是不負責任地丟棄的電子廢料，或是燃煤發電廠所排出廢氣中的重金屬。

人類難獨善其身

海豚們深受高濃度污染物困擾，不單令人類了解到污

有機化氯物

屬於持久性有機污染物（POPs）的類別，對人類和動物造成毒性，卻在環境中不易分解，且會在動物身體裏有生物累積性的情況。DDT 和 PCB 這些有機污染物為《斯德哥爾摩持久性有機污染物公約》下受管制的持久性有機污染物的其中兩種，可知其對環境及動物所產生的長遠負面影響。

染的嚴重性，更讓我們明白將需承受怎樣的惡果。根據研究，污染物在體內積存，會令海豚的免疫系統受損，令牠們更容易生病；再者，污染物亦會影響海豚的生殖能力，導致其繁殖率下降，其誕下的幼兒存活率亦將大打折扣。

這又跟我們何干？試想想，中華白海豚捕吃的魚類，我們也會吃，當牠們的健康因海洋污染而受到威脅，作為依賴海洋資源的人類，我們能獨善其身嗎？另外，我們跟海豚一樣，需共同承受農藥污染，或發電廠燃煤污染的惡果；看來海豚面對的問題，亟需我們反思及盡快糾正！

看牠變成害牠？

在我辦生態雜誌的那幾年，因為財政拮据，所以亦同時籌辦數項有特色的生態旅遊活動，以幫補出版的開支。生態旅遊於我來說是感觸良多，尤其是經歷了 2003 年 "沙士" 時本地旅行社瘋狂地舉辦所謂的 "本地生態遊"，這些遊人的行為對自然生態帶來的影響，實在令我內心掙扎，自己在推廣觀豚活動的同時，會否成為破壞環境、滋擾生物的幫兇？

觀豚守則

香港雖然沒有監管觀豚活動的法例，但是漁護署早已訂立及推廣 "觀豚守則"，冀望公眾能負責任地出海觀豚。而我們亦早於 2003 年起，展開一項分析觀豚活動對牠們帶來甚麼負面影響的研究。

"觀豚守則" 的主要概念，是希望市民在欣賞海豚的同時，不會影響牠們的正常生活，意即要尊重海豚，讓牠們選擇接近還是離開觀豚船隻。基本原則就是不要試圖太過接近海豚，或是太快迎頭衝向牠們，以免影響牠們的安危。具體一點來說，"觀豚守則" 要求船隻在海豚

出海觀海豚，宜遵守 " 觀豚守則 " ，把對牠們的影響減至最低。

出現的範圍內減速至十海浬以下，在 100 米範圍內更應將船隻停下。跟隨海豚羣時，要因應牠們的游動方向與牠們平行移動，絕不應迎頭相向。船隻亦要與海豚母子保持距離，以免牠們受驚而被拆散。在一羣海豚的範圍內最多只容許有一艘觀豚船隻在附近，觀賞時間亦應限於 30 分鐘之內。

如以上"觀豚守則"能切實執行，海豚被觀豚活動騷擾的程度理應可大大降低。可惜如沒有法例約束而單靠觀豚公司自律，看來還是行不通！根據多年來的觀察，只有極少數觀豚公司能遵行守則。

根據我們在陸上觀察，當船隻做出以上不負責任的行為時，海豚的游泳速度會明顯加快，游泳的方向亦會作出改變，甚至潛泳的時間會明顯增長。除了短暫的行為影響外，研究員還發現自從大澳觀豚小艇滋擾的情況漸趨頻密，原本經常在大澳附近水域出現的中華白海豚母子，亦失去其影蹤。

我們接觸大自然及其中生物的原意是好的，但因為我們的貪婪、自私，及難以自制的佔有慾，由看牠變成害牠，這不是很可悲嗎？觀豚活動的根源問題正是如此，只

因為我們太想靠近而滋擾到牠們。這樣的旅遊方式，最終
只落得一拍兩散。

第二節

救救海豚

海豚庇護所：海岸公園

當海豚面對種種生態破壞問題時，看來最簡單的保育方法，便是成立保護區，將牠們重要的生存環境保護起來。但是，要切實執行卻比想像中困難得多。在談這些問題前，先介紹香港的海洋保護區。

香港在 90 年代中已設立海岸公園制度，至今有四個海岸公園及一個海岸保護區，其中的沙洲及龍鼓洲海岸公園，便是在 1996 年專為中華白海豚保育而設；其他海岸公園的保育對象主要是珊瑚礁及海草床等生態環境。此外，政府在 2000 年初曾擬成立數個海岸公園，其中的分流海岸公園、索罟羣島海岸公園，更是針對中華白海豚及江豚保育所需而設；但是十多年來只聞樓梯聲響，久久因不同原因而未能落實興建。

沙洲及龍鼓洲海岸公園亦是在一片爭議聲中設立的。當年機管局打算在沙洲東面興建臨時飛機燃料接收站，但研究員發現在工程範圍內經常有中華白海豚出沒，當局因而承諾在沙洲、龍鼓洲等附近水域，設立海岸公園以作補償。但是環保團體當時強烈質疑，1200 公頃的海岸公園是否足夠中華白海豚生存。經過十多年後，雖然今天海豚在香港水域的使用量不斷下降，但可幸是海岸公園的使用量仍保持較高的水平，足證當年落實的措施有效，亦算在海豚保育工作上邁出一步。

海岸公園具保育成效

海岸公園的成效，相當取決於法例賦予的權限，以落實相關保育措施，及這些措施會否切實執行。現有《海岸公園條例》與保護海豚有關的措施，包括：船速必須減至十海浬以下、拖網漁船不可在公園範圍內作業、小型捕魚活動亦須領取牌照，及不准拋錨等。更重要的是，在公園範圍內不准有任何工程，在一定程度上保護了海豚。在海上進行海豚調查時，我們亦常見到漁護署海岸公園科的巡邏船進行執法及巡邏工作；當我們發現違規情況向海岸公園科通報時，他們也會馬上趕來執法。看來香港海岸公園此保育措施，在落實方面算相當有成效。

亦因如此，我在博士論文研究過程中，其中一個目標就是要在香港找出中華白海豚的重要棲息地，從而設立更多海豚保護區（見第 135 頁）。這些保護區儼如海豚庇護所，當海豚面對人類活動及沿岸發展壓力時，仍能在較優良的環境找到安身之所。

根據我的論文研究，除了在沙洲及龍鼓洲外，大嶼山西岸的大澳至分流一帶水域亦極需受到保護；而大嶼山東北的大、小磨刀洲一帶水域，亦應劃作海岸公園。早前，政府因為在機場以東填海作港珠澳大橋的口岸人工島，因此接納我的建議，成立大小磨刀洲海岸公園作為補償措施。面對人工島填海導致海豚生存環境流失，我亦常感到十分無奈，撫心自問，一點也沒有"成功爭取"的感覺，反而更多不太情願的妥協感覺。若果政府能在沒有發展壓力下趕快主動成立更多海豚保護區，那就令人感到欣慰了。

保護區的問題

　　保護區有其好處，但不得不強調它並非解決所有問題的靈丹妙藥，反而成立保護區好比一把兩刃劍，發揮不到其功用反令問題變得更為嚴重！以中國為例，在珠江口及廈門這兩個中華白海豚國家級保護區，居然容許大型基建在區內進行，於是海豚在保護區的"照料"下，數量不升反跌。外界一般視這些保護區為"Paper park"，意即"紙上談兵"式的，令人誤以為有關當局已盡力保護海洋資源，但實質只是虛有其表。

　　在近期的一個地區性鯨豚會議上，從不同專家報告中不難發現，"保護區能保護鯨豚"此美麗誤會，並非中國特

海岸公園可成為海豚的暫時避難所。

有的"國情"。同樣有完善法例規管保護區，卻不積極執法的情況，在亞洲各國比比皆是。

　　經過各國專家討論，一致認為成立保護區，其成功秘訣是要積極執行法例所賦予的權力，否則保護區只會淪為一個又一個"形象工程"。我更認為，成立保護區只是其中一種保護海豚的工具，若缺乏一套完整的海豚保育計劃，必定不能達到最終的保育目的。

人工馴養海豚的反思

作為鯨豚保育工作者，我過去這麼多年也在不斷反思着同一個問題：我們為何不能與大自然一起和平共處？我們為何仗着自己是萬物之靈，便不斷欺壓和剝削其他動物？

在反思過程中，我回想以往與海豚接觸的經歷。小時候第一次有機會看到海豚，是在海洋公園海洋劇場觀賞牠們表演。後來到加州唸大學時，便常跑到舉世聞名的海洋世界主題公園看殺人鯨表演。回到香港，因早期的辦公室正"寄居"在海洋公園內，所以每經過海豚學堂時，便駐足觀察海豚們的動態。久而久之，心裏總覺得納悶及戚戚然，加上長年累月在海上觀察野生海豚的自然行為，慢慢意識到馴養海豚有點不妥。

人工馴養海豚問題多

有了這種意識後，便到處尋找人工馴養海豚的資料，才驚覺問題如此嚴重，及自己是多麼愚昧。作為愛護海豚的人，為何從不質疑眼前海豚的由來，及深究牠們的生活環境狀況？除了懊惱自己多年來的無知外，我更多了一份使命感，希望令其他人不要像我般愚昧，被主題公園蒙蔽多年。

　　人工馴養海豚究竟有甚麼問題？經過多年的考究，所得到的資料之多相信要另行著書立說。有興趣的話，可到香港海豚保育學會的網站（www.hkdcs.org），下載《海豚微笑背後的真相》小冊子，只要花少許時間便能明白，無論是從教育、保育、動物權益等層面上看，也是站不住腳。於我而言，其實還有一個更深層次的問題，不過請容我在文章末段才再闡述。

在海洋公園外為海豚發聲，爭取權益。

海洋公園利用海洋生物當成娛樂大眾的生財工具，是否為保育目的值得深思。

為海豚爭取權益

　　要進行這方面的公眾宣傳教育，我是義不容辭的，但多年來心裏總有掙扎，主因有兩個。首先，談人工馴養海豚，對鯨豚專家來説彷彿是種禁忌，因為做學術研究的人理應絕對理性，而討論人工馴養問題的人或團體，均常被持有既得利益的業界標籤為不理性，於是此問題成了鯨豚學者中間不成文的討論禁區。但作為有公信力的鯨豚學者，更應有義務向公眾合理地反映事實，並帶領公眾討論，而非迴避問題。何況做鯨豚學術研究之人絕非草木，面對研究對象被剝削而默默無語，甚至嘗試自圓其說，那又何以說得通呢？

我記得電影《海豚灣》的導演路易・皮斯霍斯（Louie Psihoyos）曾這樣說過："To me, you're either an activist or inactivist"，意即當你知道馴養海豚是一門邪惡生意，有些人的反應是事不關己、己不勞心，或很介懷要為此敏感問題表達立場。但我跟路易的看法一樣，就是若我愛海豚的心始終如一，那麼我便不能袖手旁觀，不能扮作精神分裂，一邊推動海豚保育工作，但另一方面卻忽略人工馴養海豚的問題；更不應因自己的科學家身份，而擔心被標籤為"激進主義分子"。

我還要面對因觸碰到問題另一端的既得利益，因而蒙受的壓力、打壓甚至封殺。此情況在外國屢見不鮮，令受牽連的鯨豚專家敢怒不敢言。很多人（包括我的家人）也以為我與海洋公園處於敵對的狀況，但我從來都只抱着愛之深、責之切的心態，只是誠懇希望他們能不斷被鞭策而有所改進。

與海洋公園周旋

在 1975 年成立的香港海洋公園，一直為公眾提供康樂及教育主題公園設施。海洋公園雖有眾多元素，但其"王牌"還是海洋生物，包括海豚、海獅、鯊魚及企鵝等。近年，海洋公園亦建立及強化其保育形象，在 1995 年及 1999 年先後成立鯨豚保育基金及熊貓保育協會，後來合併為海洋公園保育基金，資助不同研究及保育項目。

但令人驚訝的是，當追查海洋公園過往的海洋生物購買及死亡記錄，便發現歡樂背後有一幕幕血淚史！翻閱鯨豚死亡的個案，便發現在 1974 至 2002 年間，已有過百條鯨豚死亡。牠們主要是來自日本（包括惡名昭彰的太地、伊豆、壹岐等地）、台灣澎湖、印尼等地以驅趕式捕捉法強行奪回來。當中海豚被驅趕入漁網內時，會先讓水族館人員挑選年輕力壯的海豚作販賣，剩下的多被屠殺。所以進場看海豚表演，是間接助長捕捉鯨豚。鯨豚在園內的存活情況亦欠佳，早年更有大量鯨豚不斷死亡。

近年，我更被牽扯到海洋公園的對立面上。首先，公園高層被揭發涉嫌到所羅門羣島，與當地政府洽談捕捉及購買海豚事宜，但被當地保育人士揭發，再經傳媒報導，於是被迫改口説在當地進行保育工作，並對購豚一事作

罷；我亦一直跟進，及向傳媒闡釋此事。後來，公園興建
"海洋奇觀"，並進口大量珍稀的藍鰭吞拿魚及瀕危的鎚頭
鯊，更將之辯稱為拯救及保育行為。但引入後，這些海洋
生物大量死亡，園方試圖掩飾，被我猛烈抨擊不單未做好
本身的使命，更灌輸混淆視聽的保育概念。

要說到最激烈的爭議，當算公園曾建議引入中華白海
豚、虎鯨（即殺人鯨）及白鯨。前兩者因我們早已先聲奪
人，經多番在媒體上抗議後，園方已不敢再提。不過，由
俄羅斯引入白鯨的計劃卻從未間斷。我多年鍥而不捨地引
起香港傳媒對此事的關注，及後海洋公園主席盛智文先生
與我接觸，了解我們的想法。經過兩年多的拉鋸及周旋，
園方最終決定放棄引入白鯨，我頓時放下心頭大石。

為何我多年默默承受諸般壓力，但仍堅持引起公眾關
注人工馴養海豚的問題？我們對海豚不尊重，甚至任意罔
顧牠們的利益，我認為是一個較為深層次的問題。當我們
自小觀賞海豚表演，海豚們服從訓練員指示的印象深深烙
在我們腦海中；事實上，由海豚被強行由海中搶奪回來的
一刻，我們已充分展現人類高高在上的支配者地位；人類
強迫海豚們做出不同的把戲，更加深了這種支配行為的
印象。再看看中華白海豚及江豚在香港水域面對人類活動

所帶來各種威脅的困境，便不難發現人類這種支配者的心態，時刻潛意識地在我們的思維及行為上反映出來。

　　為何推動生物保育工作如此舉步維艱？為何人類一次又一次地踐踏其他生物的權益？為何我們有高高在上的支配者心態？當我們還肆意將一些珍貴生物由大自然中掠奪，作為我們的玩物及生財工具時，我們對大自然的破壞，會否也是從這些曲線行為中反射出來？當一些人大聲疾呼保護海豚，卻同時將海豚囚禁以作娛樂及“教育”用途，那又是在傳遞什麼信息？

　　透過思考人工馴養的問題，我希望人類能反思他們與生物之間的共存之道。如不解開此死結，本地鯨豚及其他珍貴生物的未來仍難見曙光。

海豚的僕人

回首十多年的鯨豚研究生涯，我做每一件事都與牠們有關，漸漸成為了牠們的代言人，為牠們發聲和爭取權益，更無時無刻思索着海豚與人類的關係，及兩者共存的艱難之道。我在當中發現，不同地方、不同時代的人類對海豚的觀念都不同，這亦為保育工作帶來挑戰及機遇。

回看古代，鯨魚和海豚大都被視為遙不可及的神靈，與牠們有關的神話故事多不勝數。但隨着時代轉變，加上永無止境的貪婪，人類開始對這些海上的精靈打主意。在過去幾個世紀，對鯨豚動物的剝削主要是從捕鯨、捕豚的活動，以滿足人類經濟上的需要，例如用盡鯨魚身上每個部位作不同的佳餚美食及工業產品，包括將鯨魚皮下的脂肪用作燃料、鯨鬚作陽傘的支架、抹香鯨的分泌物"龍涎香"製作香水等；或利用海豚肉作魚餌。

鯨魚身體的不同部位被製成食材。

及至現代，人類更將剝削鯨豚提升至另一層次，例如將牠們捕捉至水族館表演謀利、在牠們的棲息地作不負責任的觀賞

抹香鯨的分泌物"龍涎香"可用來製作香水。

活動，更為牠們帶來眾多災難，例如不斷捕獵牠們賴以為生的魚類供人類食用、大量填海造地及在海上施工、在海上進行繁忙的航運、製造大量海洋污染物及水底噪音等。全球的鯨豚、包括香港的中華白海豚及江豚便只能在以上眾多威脅中掙扎求存，慢慢從地球上消失。

為何古今對鯨豚或甚至其他動物的剝削仍然不斷？我想，這跟我們自以為是，自詡為萬物之靈，無視牠們的生存權利有關。人類認為可任意掌管鯨豚的命運，將這些聰明絕頂的動物變成服務我們的僕人。我想這種觀念是由我們在孩童時第一次接觸海豚開始，因大部分人（包括我在內）都是在水族館認識海豚，以為海豚聽人的命令是理所當然，我們在潛移默化間便自以為是牠們的主人。我則相信作為人類及海豚的守護者，要將海豚看作關係對等的朋友，甚至要為牠們謀福祉。

海豚擁有與生俱來的親和力和感染力，我從來未聽過有人討厭鯨魚和海豚。事實上，鯨豚動物不單外形討好，而且經常對人類十分友善，新聞上偶然也會聽到海豚救人的故事。此外，生態旅遊近年盛行，隨之而起的海上觀賞鯨豚活動在世界各地大行其道，成千上萬的旅遊從業員每年因而得到數以億元計的旅遊業收益。鯨魚和海豚與人類的生活已有着密不可分的關係。

海豚既然希望與人類和平共處，而我們亦擁有改變世界的能力，保護海豚和自然界的生物實是我們應盡之義。我們可為牠們做甚麼呢？享負盛名的紀錄片《海豚灣》的宣傳口號是："Man is their biggest threat and their only hope"，說明作為萬物之靈，人類不單擁有摧毀牠們生存權利的能力，更是唯一能為牠們帶來希望的物種，保護牠們的重任就落在我們身上，這亦正正考驗人類的智慧。

很多人問我為何要保護海豚？作為香港人，我有責任捍衛這羣"原居民"的利益，而保護海豚也等如保護牠們棲身的海洋環境。就我而言，作為海豚的僕人更是理所當然的事，我因着牠們而擁有現在的一切，而且沒有人比我更切身感受到牠們面對的危機。我有義務為牠們發聲，並如協助社會的弱勢社羣般，將海豚的利益及權利放在首位。

海豚保育網絡

　　不論是海豚保育，或在香港推動環境和生物保育工作，經常都要與不同的人和團體合作或角力，慢慢發覺要做好保育工作，必須維繫一個複雜的網絡。於我來説，海豚保育網絡包括了研究員的前線工作、學者的學術研究、政府的政策推動、環保團體的施壓與制衡、傳媒的監察、公眾人士的參與，甚至是工程倡導者或商界的資金配合，或政治領袖代表用來影響政府決定的民意基礎。這些都是環環相扣，缺一不可的。所以過去便要放下研究工作，與不同人士打交道，為海豚謀福祉。第三章提及研究員的工作、傳媒的配合及環評工作與海豚保育的關係，這裏再談談民間團體、政府及公眾人士在海豚保育工作所擔當的角色。

環保團體推保育存困難

　　在市民心目中，香港環境保育工作的主要推動者應是各環保團體，因為他們的工作較容易讓公眾認識得到。事實上，環保團體須努力爭取在傳媒曝光，建立了知名度便能得到財政上的支持，或爭取更大的談判籌碼，在環保問題上與對手角力。香港的環保團體，有些凡事保守及親建

請關注第26個填海地點

中華白海豚 is dying , you know ?

為何你們要放棄我！請放過我吧！

鳴謝香港海豚保育學會提供相片

我是香港回歸吉祥物中華白海豚，經常在北大嶼山出沒，是香港人的好鄰居，好朋友。近年我們的生活越來越困難，生存空間越來越少。

政府為了口中所說的「經濟發展」，一次又一次將我們的家園摧毀。越來越嚴重的海洋污染，不斷地填海，加上繁忙的海上交通，已經令我們面臨滅亡的威脅。近年，我們於香港水域的數量，已經減少超過一半。

十多年前，在赤鱲角建新機場，填海超過900公頃。海上航道收窄，使我們要到處走避，好多時還被貨輪及高速船撞至遍體鱗傷甚至死亡。而港珠澳大橋香港段，亦快將填海超過130公頃做香港口岸人工島。

機管局計劃填海650公頃建第三條跑道，面積達到38個維園！我們不想在香港絕跡，我們也有生存的權利。

我們最憤怒的是，機管局在第三條跑道的諮詢文件中，竟然擅自改動了我們的分佈圖，將「淺色」有我們出沒的位置變成「無色」，當我們不存在，刻意欺騙市民。給市民填的整份問卷，對於「中華白海豚」更隻字不提，實在非常不公平！機管局所謂有7成市民支持第三跑道，其實是因為該份問卷引導受訪者答機管局想要的答案。

現時政府推出25個填海地點作諮詢，請各位不要忽略第三條跑道這第26個地點，這是中華白海豚一個重要的棲息地。我們只想和香港人和平共存，我們尊重你們繼續在陸地安居樂業，同時亦請尊重我們繼續安全地在海洋生活。求求你們，請你們做做好心啦！

請曾蔭權特首、鄭汝樺局長及三位特首候選人，花多些心思想想其他創造就業的方法，不要只懂填海推基建。

請尊重海洋生態「俾條生路我地啦」。

哭泣的中華白海豚

(這段白海豚的心聲是由一群關心海洋生態的市民創作及集資而成)

更多有關反對第三條跑道的理據：
http://greenerairport.blogspot.com/

Facebook：
http://www.facebook.com/No3rdRunway

聯絡我們
protect.white.dolphins@gmail.com

匿名人士在報章刊登廣告，希望喚起香港市民關注中華白海豚的處境。

制，有些較重視自身利益，有些只搶佔道德高地，有些標榜專業性，有些只作激進抗爭，還有一些立場和定位總是飄忽不定。

近年開始與不同環保團體有較多接觸與合作，深深感受到他們推動環保工作之困難，其來源也可分為內在和外在的因素。香港人對環保議題可能感興趣，但能在金錢和時間上投入的仍屬少數，以致香港環保團體要向外界（如商界、政府）爭取資助。這令他們不時有所避忌、在某些議題上不敢硬碰，甚至為了利益做出違反原則的事，並接受外界的質疑和批評。這絕不能全怪責環保團體的負責人，因為他們也需要有財政基礎才能為環境打拚。此外，各大環保團體都存在競爭，因而甚少團結一致，這種各自修行的情況每每令破壞環境的人得益，因為只要稍為做一些分化的動作，已可以擊倒不團結的抗議聲音。

近年除了一些"名牌"的大型環保團體外，還冒起一批規模較小、機動性較強的團體，其中一些更是專業學會。這些團體不太"循規蹈矩"，遇上不公義的環保問題便不平則鳴。當面對保育問題爭議，他們可以立即作出行動，不需要反覆商討；並因為沒背負太多包袱，可以更放膽地提出質詢，表達清晰的訴求。我代表的香港海豚保育學會及香港自然探索學會也屬於這類型團體。雖沒有花巧的宣傳和龐大的人手支援，但卻能集結眾多小團體的能量，爭取社會的支持及關注。未來環境保育工作，要依靠大小環保團體百花齊放，一起推動。而海豚及海洋環境的保護，亦有賴團體之間的互相努力才能得到寸進。

與政府打交道

除了跟環保團體合作，我多年來亦與漁護署主理海洋保育的公務員緊密合作。雖然政府專業部門內有眾多有心之人，默默為香港的環境付出努力，但外界包括學者及民間團體多年來卻未能與政府人員建立基本互信，令人感到遺憾。這可能源於漁護署在政府架構內長期處於弱勢，令部門的專家未能盡展所長，反而受着隸屬的政策局，甚至其他較強勢的政府部門頗多掣肘，做出來的功績因而總是未如人意，與外界之間的芥蒂亦逐步加深。

我長期與一些公務員緊密合作，有些更是多年好友，深深體諒他們的難處及限制，所以在保育工作上仍可互相配合，互讓互諒。事實上，外界亦要明白，談理念比實際執行容易得多，但保育工作在某程度上需依賴政府的配合及推動，雙方在批評之餘亦需同時嘗試互相了解和合作，為保護大自然及生物放下成見。

珍古德博士
（Dr. Jane
Goodall）

研究黑猩猩之權威，在坦桑尼亞長達 45 年的研究，奠定其在靈長類動物學和動物行為學之地位。自創立珍古德協會後，便每年 300 天周遊列國到處宣揚保護環境的訊息，並透過 "根與芽" 計劃，鼓勵世界各地年輕人積極參與有關保護動物和環境的工作。

每人每天的貢獻

推動海豚保育工作多年，我每天要面對的人與事，總使心情常有高低起伏。每天要面對不同的環境問題，可以慢慢消磨一個有志保護環境的人的意志。我曾見過一些從事保育的朋友，因感到無能為力或看不到曙光，就黯然離開守護環境的崗位。這種無奈、無力及沮喪感亦可能瀰漫在不少愛護大自然的朋友心中。我自問亦曾經歷過這些低潮。

10 年前，我有幸認識鼎鼎大名的珍古德博士（Dr. Jane Goodall），她曾在非洲坦桑尼亞長期研究黑猩猩，從而奠定

著名靈長類動物學家珍古德博士。

其在動物行為學的殿堂級地位，成為家傳戶曉的保育工作者。近年她放下研究工作，周遊列國到處鼓勵年輕人承擔保護環境的使命。她到訪香港時，我便為她打點行程，亦經常有機會近距離聽到她演講。

明白自己的責任

她給我最震撼的一句話，就是她跟年輕人分享在面對困難時的格言：「Everyone can make a difference every day」，意指無論是位高權重的大人物，或是能力有限的普通人，如果能立定心志，也可以在每天作出些小改變，令世界變得更加美好。她說當我們遇到環境問題時，最常是指責別人的不是。例如香港空氣污染問題嚴重，我們便會指責大陸工廠製造廢氣，但這些工廠部分也是香港人開設的，生產的物品也有部分供給我們使用，我們實不能輕易推卸責任。我們反而應利用消費者的力量改善這些污染問題。

所以，當我們明白自己的責任和義務，及可發揮的潛在影響力，並願意每天付出小小力量改變這個世界，我們的未來還是充滿希望。

我們亦必須明白，現今社會不可能再單靠政府推行保護環境措施，而是要靠我們每個人自發找尋出路及解決方法。在電影《海豚灣》中接受訪問的海洋守護者協會掌舵人保羅・沃森（Paul Watson）便引述人類學家瑪格麗特・米德（Margaret Mead）一句至理名言："All social change comes from the effort of passionate individuals"，意指歷史告訴我們，社會上的改變是由個別人士積極推動，所以不要期望政府會自發解決所有環境的問題。

小市民也可盡綿力

作為小市民，我們可以為海中生活的中華白海豚做些甚麼，以改變牠們的命運？例如，我們可多吃有機蔬果，或減少購買不必要的電子產品，便能減少污染物流進海豚的生活環境。我們可以選擇吃環保海鮮，令海豚可有足夠食糧。我們可盡量避免乘搭途經海豚生存環境的高速船，及選擇跟隨遵守觀豚守則的船隻出海，減低水底噪音對海豚的滋擾。更重要是當海豚的生存環境面臨破壞時，我們要挺身而出，譬如在環評制度下的公眾諮詢過程中，積極表達意見，甚至透過民間團體、民意領袖為海豚及其他生物發聲。

政府高官常稱保育及發展不應對立，我基本上認同，但從過往眾多的例子，發覺天秤總是向發展傾斜，保育還是要讓路給發展的巨輪前進。作為香港市民，我們必須明白保育的運作可簡化為付出與收取（Give and take），即取捨的道理。當我們選擇破壞環境時，應同時準備作出適切的犧牲，以彌補過失。明白這道理後，我們面對環境的破壞時便要學會如何作出抉擇取捨，明白我們作為大自然管家的責任，不要盲目不停發展及破壞。

透過海豚生存的故事，不難明白到人類與大自然之間的衝突。要找到兩者共存之道實在困難重重。但既然人類是唯一能改變環境問題，及能改寫海豚命運的生物，我亦會不負所託，盡忠職守做好"地球管家"這個終生使命。

後　記

地球管家的天職

　　自踏上鯨豚研究的道路，我每天也懷着感恩的心面對挑戰，感到面前眾多難題都是一場場硬仗，常人看來總會覺得疲累。但經過多年的磨煉，我不單絲毫未有放棄的想法，反之更能以樂觀積極的心態面對，這跟我的信仰不無關係。

　　回望過去的日子，我明白成為海豚專家並不是偶然，更不是單憑自己的努力和運氣而能成就的，而是我所信靠的天父為我不停祝福與開路。作為科學家，我的同行大都是無神論者，甚至認為倚靠神是軟弱、不客觀和不專業的表現，但我深信信仰塑造了我的世界觀、價值觀及保育使命，並能將自己在世界裏清晰地定位，了解自我的存在價值。

　　在美國就讀基督教大學，對我有深遠的影響。我不單在修讀生物科時第一次接觸到鯨豚動物的知識，大學教授更教導我從信仰角度明白當一個生物學家在地球上的意義 —— 就是人有管理萬物的責任。《聖經》記載，神創造宇

宙萬物、亞當和夏娃，並將管理
大地的責任交託二人。可以說，
人類受託付在地球的首要任務，
就是做地球的好管家。我深信在
過去及未來的道路上，我已接受
了上天的託付做好地球管家這份
天職。作為海豚的守護者，相信
上天已給我機會，為牠們爭取權
益，保護其棲身環境，我視之為
一生的使命。

做好地球管家的天職。

　　作為保育工作者，我也像一
名傳教士，向社會大眾不斷曉
以大義，勸他們摒棄主流但不正確的價值觀。但這絕對是
吃力不討好的工作，甚至可能因為觸碰到一些既得利益而
遭受打壓。要以不屈不撓、不卑不亢的人生態度從事保育
工作，確是知易行難。我就是深知背後那靠山及力量的來
源，知道走每一步、做每一件事都不能單憑自己的力能，
才能沉着應戰。

　　我覺得自己要學效《聖經》舊約時代的少年大衛，雖
然能力小卻能擊敗巨人哥利亞，做出能人所不能的事。當

前面對的問題及困境，就像很多個巨人哥利亞在我前面攔路，如果我畏懼膽怯，便只有掉頭逃避。我時常提醒自己要如大衛一般，靠着掌管宇宙萬物的神面對一切，不能單靠自己的能力，而是用信心迎難而上，至少都盡了責任，其餘的順其自然，那便可將沉重的壓力一掃而空。

談起信仰，一個具爭議的題目是：究竟世界萬物是在頃刻間被創造出來的，還是經進化論提出的觀點 —— 物競天擇的情況下演化出來的呢？簡單來說，我們人類的智慧有限，要完全明白造物主的心思意念，基本上沒可能。但祂清楚指出，我們可藉着被造之物便可知曉祂的存在，叫人無可推諉。現時無論是生物學、地質學以至天文宇宙學，都告訴我們同一個事實，就是世界是經過億萬年演化過來的，而背後似有一隻無形之手，令一切的演化來得秩序井然。單單看鯨豚動物的複雜構造，便知道造物主的精心設計！我深信創造論及進化論並不一定對立，只要放下狹窄的心胸，便能領悟造物主的心意。

商務印書館 📖 讀者回饋咭

　　請詳細填寫下列各項資料，傳真至 2565 1113，以便寄上本館門市優惠券，憑券前往商務印書館本港各大門市購書，可獲折扣優惠。

所購本館出版之書籍：＿＿＿＿＿＿＿＿＿＿＿＿＿＿＿＿＿＿＿＿＿＿＿＿

購書地點：＿＿＿＿＿＿＿＿＿＿＿＿＿　姓名：＿＿＿＿＿＿＿＿＿＿＿

通訊地址：＿＿＿＿＿＿＿＿＿＿＿＿＿＿＿＿＿＿＿＿＿＿＿＿＿＿＿＿

電話：＿＿＿＿＿＿＿＿＿＿＿＿　傳真：＿＿＿＿＿＿＿＿＿＿＿＿＿

電郵：＿＿＿＿＿＿＿＿＿＿＿＿＿＿＿＿＿＿＿＿＿＿＿＿＿＿＿＿＿＿

您是否想透過電郵或傳真收到商務新書資訊？　1□是　2□否

性別：1□男　2□女

出生年份：＿＿＿＿＿＿年

學歷：1□小學或以下　2□中學　3□預科　4□大專　5□研究院

每月家庭總收入：1□HK$6,000以下　2□HK$6,000-9,999
　　　　　　　　3□HK$10,000-14,999　4□HK$15,000-24,999
　　　　　　　　5□HK$25,000-34,999　6□HK$35,000或以上

子女人數(只適用於有子女人士)　1□1-2個　2□3-4個　3□5個以上

子女年齡(可多於一個選擇)　1□12歲以下　2□12-17歲　3□18歲以上

職業：1□僱主　2□經理級　3□專業人士　4□白領　5□藍領　6□教師　7□學生
　　　8□主婦　9□其他

最常前往的書店：＿＿＿＿＿＿＿＿＿＿＿＿＿＿＿＿＿＿＿＿＿＿＿＿＿

每月往書店次數：1□1次或以下　2□2-4次　3□5-7次　4□8次或以上

每月購書量：1□1本或以下　2□2-4本　3□5-7本　4□8本或以上

每月購書消費：1□HK$50以下　2□HK$50-199　3□HK$200-499　4□HK$500-999
　　　　　　　5□HK$1,000或以上

您從哪裏得知本書：1□書店　2□報章或雜誌廣告　3□電台　4□電視　5□書評/書介
　　　　　　　　6□親友介紹　7□商務文化網站　8□其他(請註明：＿＿＿＿＿＿＿＿＿)

您對本書內容的意見：＿＿＿＿＿＿＿＿＿＿＿＿＿＿＿＿＿＿＿＿＿＿＿＿
＿＿＿＿＿＿＿＿＿＿＿＿＿＿＿＿＿＿＿＿＿＿＿＿＿＿＿＿＿＿＿＿＿＿

您有否進行過網上購書？　1□有 2□否

您有否瀏覽過商務出版網(網址：http://www.commercialpress.com.hk)？1□有　2□否

您希望本公司能加強出版的書籍：1□辭書　2□外語書籍　3□文學/語言　4□歷史文化
　　　　5□自然科學　6□社會科學　7□醫學衛生　8□財經書籍　9□管理書籍
　　　　10□兒童書籍　11□流行書　12□其他(請註明：＿＿＿＿＿＿＿＿＿＿＿)

根據個人資料「私隱」條例，讀者有權查閱及更改其個人資料。讀者如須查閱或更改其個人資料，請來函本館，信封上請註明「讀者回饋咭-更改個人資料」

香港筲箕灣
耀興道 3 號
東滙廣場 8 樓
商務印書館 (香港) 有限公司
顧客服務部收